生命科学系列丛书

除草剂残留 对土壤微生物的影响

杨峰山 刘春光 付海燕 朱 勋 著

黑龙江大学出版社

HEILONGJIANG UNIVERSITY PRESS

哈尔滨

图书在版编目（CIP）数据

除草剂残留对土壤微生物的影响 / 杨峰山等著． --
哈尔滨 ： 黑龙江大学出版社，2022.6
　ISBN 978-7-5686-0800-8

　Ⅰ．①除… Ⅱ．①杨… Ⅲ．①除草剂－农药残留－影
响－寒冷地区－黑土－土壤微生物 Ⅳ．① S154.3

　中国版本图书馆 CIP 数据核字（2022）第 058604 号

除草剂残留对土壤微生物的影响
CHUCAOJI CANLIU DUI TURANG WEISHENGWU DE YINGXIANG
杨峰山　刘春光　付海燕　朱　勋　著

责任编辑　于　丹
出版发行　黑龙江大学出版社
地　　址　哈尔滨市南岗区学府三道街 36 号
印　　刷　哈尔滨市石桥印务有限公司
开　　本　720 毫米 ×1000 毫米　1/16
印　　张　19
字　　数　301 千
版　　次　2022 年 6 月第 1 版
印　　次　2022 年 6 月第 1 次印刷
书　　号　ISBN 978-7-5686-0800-8
定　　价　76.00 元

前　言

　　氟磺胺草醚是二苯醚类除草剂的代表,用于清除大豆、果树和橡胶地的阔叶杂草。氟磺胺草醚于 1988 年首次进口,1994 年首次在中国生产,在 20 世纪初成为广泛使用的除草剂。由于氟磺胺草醚是一种长效残留除草剂,其半衰期为 10 天至几个月,应评估其在土壤中的残留动态。施用除草剂可以有效防止粮食产量的损失,促进农业经济增长。虽然氟磺胺草醚可以在土壤中降解,但它仍然通过长期残留影响土壤的生态环境,多次施用会对土壤酶活性和微生物群落造成损害。这个问题引起了国内外研究人员及相关机构的广泛关注。

　　阿特拉津是一种三嗪类除草剂,因其效果好、成本低、除草性能良好而得到广泛应用,但是它会造成土壤和水的污染,并对敏感作物和作物后续生长发育具有一定的影响。此外,阿特拉津还可以干扰人类的内分泌系统,对人类的健康具有潜在的威胁。

　　黑土是世界上最适合作物生长的一种高肥力的土壤。但是多年耕作,尤其是不科学地应用大剂量除草剂,对农田土壤造成了一定影响,例如黑土中的有机物质减少,土层厚度减少,土壤微生态环境遭到破坏等。土壤微生物作为反映土壤肥力和质量的敏感指标,在农业生产中得到了广泛的关注。目前有很多国内外土壤微生物多样性研究报道,然而除草剂对黑土不同土层中微生物群落影响方面的研究却很少。研究微生物多样性的方法很多,每一种方法有优点,也有缺点。为了避免每种方法的局限性,更好地采用多种方式,实现优势互补,最大限度地发挥现代分子生物学在土壤微生物群落研究中的优势和潜力,以便获得更全面、完整的信息,本书结合传统技术和现代技术,从时间和空间两方面研究了除草剂对土壤微生物群落的影响。

笔者课题组参阅了国内外大量文献，以翔实的试验数据为基础，结合多年的科研经验撰写本书。本书介绍了土壤、黑土、土壤微生物群落概况、土壤微生物状况以及除草剂氟磺胺草醚和阿特拉津的概况等理论知识，结合传统技术和现代技术的研究成果，阐述了氟磺胺草醚在土壤中的残留动态及其对土壤微生物群落的影响、氟磺胺草醚降解菌株的驯化分离、氟磺胺草醚降解菌株的土壤修复效果测定及其对土壤微生物群落的影响，阿特拉津在不同耕作土层的残留动态、阿特拉津对土壤酶活性的影响、阿特拉津对土壤微生物群落的影响等。

环境因子对土壤微生物群落的影响报道较多，然而目前系统阐述除草剂对土壤微生物群落的影响方面的研究不多见，因此本书具有一定的创新性和潜在的应用价值。本书在黑土污染生态和污染环境微生物生态等方面做了具体和深入的阐述，具有很强的针对性和实践依据，为除草剂的安全合理使用、生态风险评估、环境污染动态监管以及东北黑土保护与管理提供科学依据，为土壤微生物群落研究提供技术指导，可供广大农业和环境科技工作者以及其他相关领域的科研人员参考使用。

本书第1章、第2章和第3章由刘春光撰写（共15万字），第4章由杨峰山（3.1万字）、朱勋（2万字）撰写，第5章由付海燕撰写（10万字），全书由杨峰山和朱勋负责统稿和校稿。感谢黄亚楠、来洋、徐江丽、鲁红刚等在试验操作和专著撰写中给予的配合与帮助。感谢国家重点研发计划项目"豫南冬小麦化肥农药减施技术集成研究与示范（2017YFD0201703）"、黑龙江省自然科学基金研究团队项目"寒区农业土壤面源污染微生物调控技术的研究（TD2019C002）"以及黑龙江省自然科学基金面上项目"寒地黑土微生物响应阿特拉津残留群落结构与多样性变化研究（C2018051）"等项目的资助。本书可能存在疏漏之处，敬请专家学者批评指正。

杨峰山、刘春光、付海燕、朱勋
2021年11月于黑龙江大学

目　　录

1 绪论

1.1　土壤概述

1.1.1　土壤概念

土壤是指地球表面的一层松散物质,由岩石风化形成的矿物质、动植物和微生物残留物分解产生的有机物质、水分、空气等组成。它们相互联系,相互制约,为农作物提供必要的生存条件,是土壤肥力的物质基础。

土壤中的主要元素是氧、硅、铝、铁、钙、镁、钛、钾、磷和硫等。矿物成分有原生矿物和次生矿物。发生层有耕作层、风化层、母质层等。土壤形成因素有气候、母质、水分、生物和时间等。土壤的质地类型有壤土、砂土、黏土等。

1.1.2　土壤构成

1.1.2.1　矿物质

土壤矿物质是由岩石风化形成的不同大小的颗粒矿物质(沙子、土壤和胶体颗粒)。土壤矿物质种类繁多,化学成分复杂。它直接影响土壤的物理性质和化学性质,是作物养分的重要来源之一。由矿物质和腐殖质组成的固体颗粒是土壤的主体,约占土壤体积的50%。固体颗粒之间的孔隙被空气和水占据。

1.1.2.2　有机物质

有机物质含量是土壤肥力的重要指标,与矿物质密切相关。在一般耕地中,有机物质含量仅占土壤干重的0.5%～2.5%,但作用较大。人们常把有机物质含量较高的土壤称为"油性土壤"。土壤有机物质按分解程度可分为新鲜有机物质、半分解有机物质和腐殖质。腐殖质是指新鲜有机物质经酶转化形成的灰黑色土壤胶体物质。腐殖质中不仅含有大量的氮、磷、钾、硫、钙等元素,还含有微量元素,这些元素可通过微生物分解释放,供植物吸收利用。腐殖质是一种有机胶体,具有很强的吸水和保肥能力。黏土吸水率一般为50%～60%,

腐殖质吸水率高达400%～600%。腐殖质保肥能力是黏土的6～10倍。腐殖质可改善土壤物理性质,是形成团聚体结构的良好胶结剂。它可以改善黏土的孔隙度和通气性,改变砂土的松散状态。同时,由于其颜色较深,有利于吸收阳光,提高土壤温度,促进土壤植物的生长。腐殖质为植物生长提供丰富的营养和能量,使土壤酸碱适宜,有利于植物生长,促进土壤养分转化。腐殖酸、有机酸、维生素和腐殖质分解过程中产生的一些激素可以促进作物生长,增强呼吸和养分吸收,促进细胞分裂,加速根系和地上部分的生长。土壤有机物质可来自于施用的有机肥和残茬。秸秆还田、种植绿肥等措施可提高土壤有机物质含量,使土壤越来越肥沃,产量越来越高。

1.1.2.3　水分

土壤是松散的多孔体,充满蜂巢状孔隙。直径0.001～0.1 mm的土壤孔隙称为毛管孔隙。土壤毛管孔隙中的水分(毛管水)可直接被作物吸收利用,同时,它还可以溶解和运输土壤养分。毛管水可以上下左右移动,但移动速度取决于土壤的紧密程度。土壤松紧适度时水分移动速度最快。土壤太松或太紧时水分移动速度较慢。降水或灌溉后,随着地面水分的蒸发,下层的水迅速上升到地表。应及时采取中耕、耙耕、增湿等措施,在地表形成松散的隔离层,切断上下毛管孔隙的连接,防止水分流失。

1.1.2.4　空气

土壤空气对作物种子萌发、根系发育、微生物活性和养分转化有很大影响。在生产中,应采取深耕、松土、断结、排水、干燥等措施,改善土壤通风状况,促进作物生长发育。

1.1.2.5　微生物

土壤微生物种类繁多,应抑制有害微生物,并利用微生物产生植物所需的某些养分。土壤微生物的主要作用是分解有机物质。一方面,土壤微生物分解植物残体;另一方面,微生物将分解的植物残体重新装配,生成腐殖质。

1.1.3 土壤分类

土壤分类是根据土壤性质、特征的差异，系统划分土壤类型，确定相应的分类等级。土壤分类不仅是不同概括水平上了解和区分土壤的线索，也是土壤调查、土地评价、土地利用规划、土壤科学研究成果交流等的基础。由于自然条件和知识背景不同，世界上没有统一的土壤分类体系，各国的土壤分类体系不同。

我国现行土壤分类体系是在借鉴苏联土壤分类体系的基础上，结合我国土壤的具体特点而建立的。我国现行土壤分类体系采用土纲、亚纲、土类、亚类、土属、土种和亚种 7 级分类制，以土类和土种为基本分类单元。

1.1.3.1 土纲

土纲是土壤分类系统的最高单位，是土类共性的归纳。其划分突出了土壤形成过程和属性的一些共性，以及主要环境因素对土壤发生特性的影响。例如：淋溶土纲的特征是石灰充分淋溶，淋淀黏化过程明显；钙层土纲以钙的淋溶和淀积成土过程为特征；盐碱土纲的共同特征是土壤中可溶性盐和钠离子的积累所产生的独特土壤性质。

1.1.3.2 亚纲

亚纲根据土壤形成过程中主要控制因素的差异划分。例如：半淋溶土纲中半湿热境的燥红土、半湿暖境的褐土、半湿温境的灰褐土的共性是半淋溶土，但是属性上有明显差异；盐碱土纲的盐土、碱土两亚纲则在盐分积累和钠质化程度上存在质的差异。

1.1.3.3 土类

土类是土壤高级分类的基本分类单位，是根据主要成土条件、成土过程和土壤的发生属性进行划分的。同一土类的土壤应该具有一些突出的、共同的发生属性与层段，不同土类的土壤的发生属性与层段有明显的、质的差异。如栗钙土、棕钙土，虽然具有土壤腐殖质层和钙积层，但是腐殖质层的厚度、有机物质的含量、钙积层出现的深度与厚度等均有明显差异。

1.1.3.4　亚类

亚类体现土类范围内较大的差异。其根据同一土类范围内土壤的不同发育阶段或者不同土类之间的过渡类型进行划分。后者除了主导成土过程之外，还有一个附加的次要成土过程。例如：褐土中的褐土性土、褐土、淋溶褐土是根据不同发育阶段进行划分的，潮褐土是褐土向草甸土的过渡类型。

1.1.3.5　土属

土属是从高级分类单元到基层分类单元的中间分类单元，起着承上启下的作用。其依据某些不同的地方性因素导致的亚类的性质不同划分。例如：土壤母质和风化壳类型、水文地质条件、中小地形和人为因素。

1.1.3.6　土种

土种是土壤分类系统中基层分类的基本单位。相同的土种分布在相同或相似的景观部位，其剖面形态特征在数量上基本相同。因此，同一土种的土壤应占据相同或相似的小地形部分，水热条件也相似，具有相同的土层层段类型，各土层的厚度、层位和层序也一致，剖面形态特征和理化性质相同或相似。同一土种具有相同的理化性质和生物习性，其栽培适宜性、种子适宜性和限制因素相同，具有相同的生产潜力。

1.1.3.7　亚种

亚种曾称变种，它是土种范围内的细分，可体现土种某些性状的变化。它通常根据表层或耕作层的一些变化来划分，如耕作、养分含量。这些变化必须具有一定的相对稳定性。亚种划分在指导农业生产中起着重要作用。

我国现行的土壤分类体系属于发生学分类体系，当今世界上另一个主要的土壤分类体系是以美国土壤系统分类为代表的诊断土壤分类体系。美国土壤系统分类的指导思想是基于土壤本身性质的定量分类体系。土壤发生学理论仅用于指导分化特性的选择，在土壤分类系统中使用了一个检索表，并采用了排除法，因此每个分类单元之间有严格的边界；土壤系统分类是一个开放的体系，它可以适应土壤知识的任何变化所带来的分类变化，因此，它可以根据新知识不断完善。土壤系统分类具有标准化、定量化和国际化的特点,代表了土壤分类的发展趋势。

1.1.4　土壤形成因素

土壤形成因素又称成土因素,土壤形成因素学说的基本观点可概括如下:土壤是一个独立的自然体,是在各种形成因素的复杂相互作用下形成的。对于土壤的形成,各种因素同等重要,不可替代。其中,生物因素起着主导作用。土壤是在一定的气候和地形条件下,在一定的时间内,生物因素和母质因素相互作用下形成的。母质因素、气候因素、生物因素、地形因素和时间因素是土壤形成的五个关键自然因素。

1.1.4.1　母质因素

风化作用破坏岩石,改变其物理性质和化学性质,形成结构疏松的风化壳,其上部可称为土壤母质。如果风化壳仍然存在于原地并形成残积层,则称为残积母质;如果风化壳在重力、水、风和冰川的作用下迁移,则称为运积母质。成土母质是土壤形成的物质基础,是植物矿质养分(氮除外)的初始来源。母质表示土壤的初始状态。在气候和生物的作用下,它在数千年后逐渐转变为可以生长植物的土壤。母质对土壤的物理性质和化学组成起着重要作用,这种作用在土壤形成的初始阶段最为显著。土壤形成过程越长,母质和土壤性质之间的差异越大。尽管如此,母质的某些特性仍始终保留在土壤中。

成土母质的类型与土壤质地密切相关。不同造岩矿物的抗风化能力差异较大(抗风化能力由强到弱顺序为:石英→白云母→钾长石→黑云母→钠长石→角闪石→辉石→钙长石→橄榄石)。因此,在基性岩母质上发育的土壤质地一般较细,含有较多的粉砂和黏粒,含较少砂粒;在石英含量高的酸性岩母质上发育的土壤质地通常较粗,即含有较多的砂粒、较少的粉砂和黏粒。此外,在残积物和坡积物上发育的土壤含有较多的石块,而洪积物和冲积物上发育的土壤具有明显的质地分层特征。

成土母质对土壤的矿物组成和化学组成有影响。不同岩石的矿物组成明显不同,因此在其上发育的土壤的矿物组成也不同。在基性岩母质上发育的土壤含有较多的角闪石、辉石、黑云母等深色矿物;在酸性岩母质上发育的土壤含有较多的浅色矿物,如石英、正长石和白云母;在冰碛物和黄土母质上发育的土壤含有较多的黏土矿物,如水云母和绿泥石;在河流冲积物上发育的土壤也富含水云母;在湖泊沉积物上发育的土壤中多黏土矿物,如蒙脱石和水云母。从化学组成来看,基性岩母质上的土壤中铁、锰、镁、钙含量高于酸性岩母质上的土壤,而硅、钠、钾含量低于酸性岩母质上的土壤,石灰岩母质上的土壤中钙含量最高。

1.1.4.2　气候因素

气候对土壤形成的影响有直接影响和间接影响。直接影响是指通过土壤与大气之间频繁的水热交换,对土壤的水热状况以及土壤中物理化学过程的性质和强度产生的影响。一般情况下,温度升高 10 ℃,化学反应速率增加 1 ~ 2 倍;温度从 0 ℃升高到 50 ℃,化合物的解离度增加 7 倍。在寒冷气候条件下,一年中土壤冻结数月,微生物分解非常缓慢,导致有机物质积累;在常年温暖湿润的气候条件下,微生物活动旺盛,全年都能分解有机物质,使有机物质含量呈下降趋势。

气候还可以通过影响岩石风化过程和植被类型等间接影响土壤的形成和发育。例如,从干燥的沙漠或低温冻土带到高温多雨的热带雨林,随着温度、降水、蒸发和植被生产力的变化,有机残体逐渐增多,化学和生物风化逐渐增加,风化壳逐渐增厚。

1.1.4.3　生物因素

生物是土壤有机物质的来源,是土壤形成过程中最活跃的因素。土壤肥力的本质特征与生物的作用密切相关。在适宜的日照和湿度条件下,岩石表面生长出苔藓类生物。它们依靠雨水中溶解的微量岩石矿物质生长,并产生大量分泌物,对岩石进行化学和生物风化。随着苔藓类植物的大量繁殖,生物与岩石的相互作用日益加强,岩石表面缓慢地形成土壤。此后,一些高等植物在幼龄土壤上逐渐生长,形成了明显的土壤分化。在生物因素中,植物起着最重要的作用。绿色植物选择性地从母质、水和大气中吸收营养元素,通过光合作用产生有机物质,然后以凋落物和残留物的形式将有机物质归还给地表。不同植被类型养分归还量和归还形式的差异是土壤有机物质含量高低不同的根本原因。例如,森林土壤中的有机物质含量普遍低于草地,因为草类根系茂密且集中在地表附近的土壤中,为土壤表层提供了大量的有机物质,而树木的根系分布较深,直接提供给土壤表面的有机物质很少,森林主要以落叶的形式将有机物质归还到土壤表层。动物除了以排泄物、分泌物和残留物的形式为土壤提供有机物质,还可以通过啃咬和运输促进有机残留物的转化,蚯蚓和白蚁等一些动物还可以通过搅动土壤来改变土壤结构、孔隙度等。微生物在土壤形成过程中的主要功能是分解和转化有机残留物以及合成腐殖质。

1.1.4.4 地形因素

地形主要是通过物质和能量的再分配影响土壤形成。在山区,随着地势的变化,温度、降水和湿度的垂直变化形成了不同的垂直气候带和植被带,导致土壤成分和物理化学性质呈现显著垂直分化。对美国西南部山区土壤特征的调查发现,土壤有机物质含量、总孔隙度和持水能力随海拔升高而升高,而 pH 值随海拔升高而降低。此外,坡度和坡向也会改变水热状况和植被条件,从而影响土壤发育。在陡峭的山坡上,由于重力和地表径流的侵蚀,地表松散物质的迁移往往加快,因此难以发育成深厚的土壤;在平坦的地方,地表松散物质的侵蚀速率较慢,因此,在相对稳定的气候和生物条件下,成土母质可以逐渐发展为深厚的土壤。由于阳坡可比阴坡接受更多的太阳辐射,因此温度条件比阴坡好,但水分状况比阴坡差,阳坡的植被覆盖率通常低于阴坡,导致土壤中物理化学性质和生物过程差异。

1.1.4.5 时间因素

在上述成土因素中,母质和地形是相对稳定的影响因素,气候和生物是相对活跃的影响因素,它们在土壤形成中的作用随着时间的推移而变化。因此,土壤是一个不断变化的自然实体,其形成过程相当缓慢。例如,在沙丘土中,典型灰壤的发育需要 1 000~1 500 年。然而,在变化缓和的环境条件中和有利于土壤形成的松散母质中,土壤剖面的发育要快得多。

土壤发育时间的长短称为土壤年龄。从土壤形成开始到现在的年数称为土壤的绝对年龄。例如,北半球现有的大部分土壤是在第四纪冰川消退后形成和发育的。高纬度地区冰碛物上土壤的绝对年龄一般不超过 10 000 年,低纬度未受冰川作用地区的土壤的绝对年龄可能达到数十万至数百万年,其起源可追溯到第三纪。

由土壤发育阶段和程度决定的土壤年龄称为相对年龄。在适宜条件下,成土母质在生物作用下首先进入幼年土壤发育阶段。这一阶段的特点是土体非常薄,表层土壤中有机物质积累,化学 – 生物风化和淋滤作用非常弱,剖面开始分化,土壤性质在很大程度上仍保留母质的特征。随着剖面的形成和发育,土壤进入成熟阶段。在此阶段,有机物质积累旺盛,易风化矿物质分解强烈,黏土颗粒在淀积层中积累,土壤肥力和自然生产力达到最高水平。再经过较长时间,成熟土壤剖面分化强烈,有机物质的积累减弱,矿物质分解进入最后阶段,土壤肥力和自然生产力显著降低。

1.1.4.6　人类因素

除了五大自然成土因素外,人类生产活动对土壤形成的影响也不容忽视,主要体现在通过改变成土因素而影响土壤形成和演化。其中,地表生物条件变化的影响最为突出。典型的例子是农业生产活动——以一年生草本作物,如水稻、小麦、玉米和大豆来代替自然植被。这种人工栽培的植物群落结构单一,在大量额外的物质和能量投入以及人类精心的护理下才能获得高产。因此,人类通过耕作改变土壤的结构、保水性和通气性;通过灌溉改变土壤温度和湿度;通过农作物的收获剥夺本应归还土壤的部分有机物质,并改变土壤的养分循环;通过施用化肥和有机肥补充养分的流失,从而改变土壤养分的组成、数量和微生物活动等。最终,天然土壤将转化为各种耕作土壤。人类活动对土壤的积极影响是培育出一些肥沃高产的耕作土壤,如水稻土;同时,人类违反自然成土过程规律,一定程度上造成土壤肥力下降,土壤污染,以及土壤盐碱化、沼泽化和荒漠化等。

1.1.5　土壤结构

土壤颗粒通过不同的堆积方式相互结合,形成土壤结构。除砂土外,在自然条件下,土壤颗粒以土壤结构的形式表现出来,土壤质地对土壤生产性状的影响也通过土壤结构表现出来。

1.1.5.1 块状结构体

块状结构体类似正方体形状,长、宽和高三轴大致相同。其形状不规则,主要产生于黏度大且缺乏有机物质的土壤中。这种结构在低成熟度的黄土中很常见。它们相互支撑,形成气孔,导致水分蒸发和流失,不利于植物生长繁殖。

1.1.5.2 片状结构体

片状结构体横轴比纵轴长,呈薄片状。农田耕层、森林灰层等属于这一类。片状结构体不利于通风和透水,易造成土壤干旱和水土流失。

1.1.5.3 柱状结构体

柱状结构体纵轴大于横轴,土体直立,结构大小不等,坚硬,内部无效孔隙占优势,植物根系不易介入,通气不良,结构间常形成大裂缝,造成漏水漏肥。

1.1.5.4 团粒结构体

团粒结构体是最适合植物生长的土壤结构。它可以协调土壤水分和空气的矛盾、土壤养分消耗与积累的矛盾,可以调节土壤温度,可以改善土壤的可耕性以及植物根系的生长条件。

1.1.6 我国主要土壤类型

1.1.6.1 砖红壤

砖红壤分布于海南岛、雷州半岛、西双版纳和台湾岛南部,土壤风化淋溶作用强烈,大量易溶性无机养分流失,铁、铝残留在土壤中,因此土壤颜色呈红色。土层较深,黏性强,肥力差,呈酸性至强酸性。

1.1.6.2 赤红壤

赤红壤分布于云南南部、广西和广东南部、福建东南部以及台湾岛中南部,它是砖红壤和红壤之间的过渡类型。赤红壤风化淋溶作用略弱于砖红壤,呈红色。土层厚而黏,肥力差,呈酸性。

1.1.6.3 红壤和黄壤

红壤和黄壤主要分布于长江以南大部分地区和四川盆地周围的山区。黄壤的热状况略差于红壤,而水湿状况较好。红壤有机物质来源丰富,但分解速度快,流失量大,因此,土壤中的腐殖质较少,土壤具有黏性。由于强浸出,钾、钠、钙和镁的积累较少,而铁和铝的积累较多,土壤呈均匀的红色。由于氧化铁在黄壤中的水合作用,土层呈黄色。

1.1.6.4 黄棕壤

黄棕壤北起秦岭、淮河,南至大巴山、长江,西起青藏高原东南缘,东至长江下游等地带。它是黄壤、红壤和棕壤之间的过渡土。它不仅具有黄壤、红壤富铝的特征,而且还具有棕壤黏重的特征。它表现出弱酸性和较高的自然肥力。

1.1.6.5 棕壤

棕壤主要分布于山东半岛和辽东半岛。土壤的黏化作用很强,也会产生明显的淋溶作用,使钾、钠、钙和镁被淋溶,黏土颗粒向下淀积。土层较厚,质地较黏重,表层有机物质含量较高,呈微酸性。

1.1.6.6 暗棕壤

暗棕壤主要分布于中国东北部大兴安岭、小兴安岭、张广才岭和长白山等地。它是温带针阔叶混交林下形成的土壤。土壤呈酸性。与棕壤相比,暗棕壤表层有机物质丰富,腐殖质积累量大。这是相对肥沃的森林土壤。

1.1.6.7 寒棕壤

寒棕壤主要分布于大兴安岭北段山地,北宽南窄。寒棕壤是发育在寒温带植被针叶林下的土壤,土壤常出现漂白层。土壤酸性大,土层薄,有机物质分解慢,有效养分少。

1.1.6.8　褐土

褐土主要分布于山西、河北、辽宁三省丘陵低山地区和陕西关中平原。植被以中生和旱生森林灌木为主,土壤淋溶程度不是很强,有少量碳酸钙沉积。土壤呈中性至微碱性,矿物质和有机物质积累较多,腐殖质层较厚,肥力较高。

1.1.6.9　黑钙土

黑钙土主要分布于大兴安岭中南部山地东西两侧,松嫩平原中部,松花江和辽河分水岭地区。植被为温带草原和草甸草原,产草量高,土壤腐殖质含量丰富,腐殖质层厚,土壤颜色以黑色为主,呈中性至微碱性,含有钙、镁、钾、钠等多种无机养分,土壤肥力较高。

1.1.6.10　栗钙土

栗钙土主要分布于内蒙古高原东部和中部的草原地区。腐殖质的积累程度弱于黑钙土,但腐殖质也相当丰富,腐殖质层较厚。土壤的颜色是栗色。土层呈弱碱性,局部地区有碱化现象。土壤质地以细沙、粉沙为主,区内沙化现象较为严重。

1.1.6.11　棕钙土

棕钙土主要分布于内蒙古高原中西部、鄂尔多斯高原、新疆准噶尔盆地北部和塔里木盆地外缘。植被类型为荒漠草原和草原化荒漠。腐殖质积累少,腐殖质层薄。土壤颜色主要为棕色,土壤呈碱性。地面通常布满砾石和沙,并逐渐过渡到荒漠土。

1.1.6.12　黑垆土

黑垆土主要分布于陕西北部、宁夏南部、甘肃东部等黄土高原,这里土壤侵蚀较轻,地形平坦。这些地区与黑钙土地区相似,但由于温度较高,相对湿度较小。它是由黄土母质形成的。植被与栗钙土地区相似。其中大部分已被开垦为农田。黑垆土腐殖质积累较少,有机物质含量不高。腐殖质层的颜色自上而下变化很大。上半部分为黄棕灰色,下半部分为灰带褐色。黑垆土似乎是埋藏在下面的一种古土壤。

1.1.6.13 荒漠土

荒漠土主要分布于内蒙古和甘肃西部、新疆大部分地区和青海柴达木盆地等,这些地区约占全国总面积的1/5。植被稀疏,土壤基本上没有明显的腐殖质层,土质疏松缺水,土壤剖面几乎全是沙砾,碳酸钙表聚,石膏和盐分聚积多,土壤发育程度差。

1.1.6.14 高山草甸土

高山草甸土主要分布于青藏高原东部和东南部,位于阿尔泰山脉、准噶尔盆地西部山地和天山山脉。高山草甸植被,剖面由草皮层、腐殖质层、过渡层和母质层组成。土层薄,土壤冻结期长,通风不良,土壤呈中性。

1.1.6.15 高山漠土

高山漠土主要分布于藏北高原西北部、昆仑山脉和帕米尔高原。植被覆盖率不足10%。土层薄,石砾多,细土少,有机物质含量低,土壤发育差,呈碱性。

1.1.7 土壤生物

我们把生活在土壤中的微生物、动物和植物根系等称为土壤生物。土壤生物参与岩石风化和原始土壤的形成,对土壤的发育、土壤肥力的形成和演化以及高等植物的养分供应等起着重要作用。土壤理化性质和农业技术对土壤生物的生命活动有很大影响。

土壤微生物包括细菌、放线菌、真菌等。土壤动物主要是无脊椎动物,包括环节动物、节肢动物、软体动物、线形动物和原生动物等。原生动物也可以被视为一种土壤微生物,因为其个体较小。

土壤生物的作用包括:分解有机物质,直接参与碳、氮、硫、磷等元素的生物循环,从而从有机物质中释放出植物所需的营养元素,再用于植物,参与腐殖质的合成和分解。有些微生物能够固定空气中的氮,溶解土壤中不溶性磷,分解含钾矿物质,从而改善植物氮、磷、钾的营养状况。土壤生物的生命活动产物,如促生长激素和维生素,可以促进植物的生长。所有这些过程都是在土壤酶的作用下进行的,并通过矿化作用、腐殖化作用和生物固氮改变土壤的理化性质。此外,菌根还可以提高某些植物对养分的吸收能力。

1.1.7.1 土壤微生物

土壤微生物是肉眼无法辨别的土壤中的活生物体,只能在实验室中借助显微镜进行观察。通常,土壤微生物的测量单位为微米或纳米。土壤微生物对土壤的形成和发育、物质循环和肥力演化具有重要影响。

土壤中的微生物大多数是单细胞生物。大多数微生物生活在土壤中,依靠现成的有机物质获取能量和养分。

土壤是微生物生长、发育的良好环境,土壤中的有机物质和矿物质为微生物提供了丰富的营养和能量。

土壤微生物是最丰富的土壤生物类型。土壤细菌个体小,直径 $0.5 \sim 2 \ \mu m$,长度 $1 \sim 8 \ \mu m$。按形状分为球菌、杆菌和螺旋菌,根据营养类型分为自养细菌和异养细菌,按呼吸类型分为需氧菌、厌氧菌和兼性厌氧菌。细菌参与新鲜有机物质的分解,尤其是蛋白质;参与硫、铁、锰的转化和固氮。土壤细菌个体小、代谢强、繁殖快,与土壤接触的表面积大,是土壤中最活跃的因素。土壤中放线菌的数量仅次于细菌,放线菌以孢子或菌丝片段的形式存在于土壤中。菌丝直径 $0.5 \sim 2 \ \mu m$。放线菌具有分解植物残留物和转化土壤有机物质的能力。一些放线菌能产生抗生素,对有害微生物有拮抗作用,是医疗和农业抗生素的产生菌。真菌是土壤微生物的第三大类,个体较大,呈分枝丝状,细胞直径 $3 \sim 50 \ \mu m$。我国土壤中常见的真菌包括青霉、曲霉、镰刀菌和毛霉等。真菌参与土壤中淀粉、纤维素和单宁的分解以及腐殖质的形成与分解。土壤真菌生物量高于细菌和放线菌。土壤中的大多数藻类是单细胞生物。它的直径为 $3 \sim 50 \ \mu m$,喜欢潮湿,主要生活在土壤表层,数量少于真菌。绿藻、蓝藻和硅藻在土壤中很常见。一些种类的蓝藻可以固定空气中的氮。

大多数微生物生活在土壤中,需要依靠现成的有机物质来获取能量和养分。它们在土壤中的数量往往与土壤有机物质含量有关,因此它们在表层土壤中的发育往往多于其他土层。

土壤微生物在土壤中的作用是多方面的,主要体现在:土壤微生物作为土壤的活性成分,其组成、生物量和生命活动与土壤的形成和发育密切相关,同时,土壤作为微生物的生态环境,也影响着微生物的生长、衰退和活动。微生物参与土壤有机物的矿化和腐殖化,同时,多糖和其他复杂的有机物质通过同化作用合成,从而影响土壤结构。土壤微生物的代谢产物能促进难溶性物质在土壤中的溶解。微生物参与土壤中各种物质的氧化还原反应,对养分元素的有效化也起一定作用。微生物参与土壤中营养元素的循环,包括碳循环、氮循环和其他矿质元素循环,提高植物营养元素的有效性。有些微生物具有固氮功能,可以借助体内的固氮酶将空气中的游离氮分子转化为固定的氮化合物。微生物与植物根系营养密切相关。植物根际微生物和共生微生物,如根瘤菌、菌根真菌,可以直接为植物提供氮、磷等元素以及有机酸、氨基酸、维生素、生长促进剂等有机养分。它可以为工农业生产和医疗卫生事业提供有效菌株,如已应用于农业的根瘤菌剂、固氮剂和抗生素。一些拮抗性微生物可以防止土传病原菌对作物的危害。微生物可降解土壤中残留的有机农药、城市污物和工业废物,以减轻残留危害。一些微生物可用于沼气发酵,提供生物能、发酵液和残余有机肥。

1.1.7.2 土壤动物

土壤动物是指生活史中有一段时间或完全生活于土壤中且对土壤生态系统产生一定影响的各种动物,通常肉眼可以看到。土壤动物主要属于无脊椎动物,包括环节动物(如蚯蚓)、节肢动物(如蜈蚣、蚁类)、软体动物(如蜗牛、蛞蝓等)、线形动物(如线虫)和原生动物(如变形虫、鞭毛虫、纤毛虫等)。

土壤动物根据个体大小、停留时间和生活方式,可分为不同类型,在土壤中分布极不均匀。

根据个体的大小,土壤动物可分3个区系(类群):

①微型动物区系,个体长度在0.2 mm以下,主要是原生动物。

②中型动物区系,个体长度在0.2～10 mm之间,主要有线虫、蜱螨目(Acarina)、弹尾目(Collembola)、少足纲(Pauropoda)、综合纲(Symphyla)、缨尾目(Thysanura)、原尾目(Protura)等。

③大型动物区系,个体长度在10 mm以上,主要有蚯蚓、线蚓、蜈蚣、蚂蚁、白蚁、双翅目(Diptera)幼虫和以甲虫为主的昆虫,以及少数甲壳纲(Crustacea)

和腹足纲(Gastropoda)动物等。

根据栖居时间,土壤动物可分为两种类型:永久栖居和临时栖居。前者主要包括原生动物、线形动物、环节动物、多足动物、软体动物和一些无翅昆虫,后者主要包括双翅目幼虫、鞘翅目和鳞翅目。

按生活方式,土壤动物也可分为:以植物残留物或与植物残留物相关的微生物区系为食的腐生动物、以活植物体为食的食草动物、以其他动物排泄物为食的食粪动物和以其他土壤动物为食的食肉动物。土壤中的原生动物主要以细菌或腐烂物为食。

土壤动物在土壤中的分布极不均匀,其区系组成也很复杂。一些研究人员认为,蚯蚓是土壤动物群总重的主体。据测算,英国一些牧场每 10 000 m^2 土壤中土壤动物的总活体重为 1.9 t,其中蚯蚓占 1.4 t,线虫占 0.15 t。丹麦几种土壤中测得每 10 000 m^2 中的蚯蚓质量为 550 kg。就数量而言,微型动物的数量最多。在每平方米的土壤中,通常有几十到几百个大型动物、几万到几十万个中型动物,而 1 g 土壤中就有几十万个微型动物。

土壤动物在其生命活动过程中对土壤有机物质具有强烈的破坏和分解作用。它们能水解糖、脂肪和蛋白质,将其转化为供体化合物或易于植物使用的可矿化化合物(尿素、尿酸、鸟嘌呤);它们还可以释放许多活性钙、镁、钾、钠和磷,对土壤的理化性质有显著影响。土壤动物是物质生物小循环的积极参与者。一些环节动物,尤其是蚯蚓,对土壤腐殖质的形成、养分的富集、土壤结构的形成、土壤剖面的发育以及土壤的通风和渗透性具有良好的影响。蚂蚁的活动可以改善土壤结构,从而促进植物生长,这与蚯蚓的活动类似。然而,有些土壤动物对农业、林业和畜牧业有害。例如,一些土壤线虫经常寄生在块根、块茎或谷类作物中,蛞蝓、蜗牛、蜱、螨以及蚯蚓通常是畜禽寄生虫的中间宿主,一些白蚁或蚂蚁和啮齿动物(如中华鼢鼠)经常对农作物造成伤害。

1.1.8 土壤污染

1.1.8.1 土壤污染的影响

土壤污染可能导致一定的农作物污染和减产,可能影响食品的卫生质量,而且对农作物的其他品质也有显著影响,对人类和动物的健康可能有潜在危害,也可能导致其他环境问题。

1.1.8.2 土壤污染的途径

当土壤被病原体、有毒化学物质和放射性物质污染时,它会传播疾病,引起中毒和诱发癌症。被病原体污染的土壤可传播伤寒、副伤寒、痢疾、病毒性肝炎等传染性疾病。由土壤污染传播的寄生虫病包括蛔虫病和钩虫病。直接接触土壤或生吃受污染蔬菜、瓜果的人容易感染这些寄生虫病。土壤在这些寄生虫病的传播中起着特殊的作用,因为这些寄生虫的生活史中有一个阶段必须在土壤中度过。例如,蛔虫卵必须在土壤中成熟,钩虫卵必须在感染前于土壤中孵化钩虫幼虫等。肺结核患者痰中有大量结核分枝杆菌,如果患者随地吐痰,病原体会污染土壤。结核分枝杆菌可以在干燥和微小的土壤颗粒上长期存活。这些携带着病原体的土壤颗粒随风进入空气,人们将通过呼吸感染结核病。

一些人畜共患传染病或与动物有关的疾病也可以通过土壤传染给人。例如,患有钩端螺旋体病的牛、羊、猪和马可以通过粪便和尿液中的病原体污染土壤。这些钩端螺旋体可在中性或弱碱性土壤中存活数周,并可通过黏膜、伤口或浸软的皮肤侵入人体引起疾病。炭疽杆菌孢子能在土壤中存活数年甚至数十年。破伤风杆菌可来自土壤中受感染的动物粪便,尤其是马的粪便。此外,被有机废弃物污染的土壤是蚊子、苍蝇和老鼠繁殖的地方,蚊子、苍蝇和老鼠是许多传染病的传播媒介。因此,被有机废弃物污染的土壤在流行病学上被认为是危险的物质。

土壤被有毒化学物质污染后,对人体的影响大多是间接的,主要通过农作物、地表水或地下水对人体产生影响。

在生产过磷酸钙的植物周围,土壤中砷和氟的含量显著增加。铅、锌冶炼厂周围的土壤不仅受到铅、锌、镉的污染,而且还受到含硫物质形成的硫酸的污染。

随意堆放的有毒废渣和农药等有毒化学物质,会通过雨水的冲刷、携带和下渗污染水源。人和动物可以通过饮用水和食物中毒。

土壤被放射性物质污染后,可通过放射性衰变产生 α、β、γ 射线,这些射线可穿透人体组织,杀死人体的某些组织和细胞。这些射线不仅会对人体造成外部辐射损伤,还会通过饮食或呼吸进入人体,造成内照射伤,使受害者头晕、疲劳虚弱、脱发、白细胞减少或增加、癌变等。

自 20 世纪 70 年代以来,研究人员发现许多工业城市及其郊区的土壤含有苯并芘和其他致癌物。

有机废弃物污染的土壤也容易腐败分解,散发恶臭,污染空气,有机废弃物或有毒化学物质会堵塞土壤孔隙,破坏土壤结构,影响土壤自净能力,有时也会使土壤变得潮湿和肮脏。

1.1.8.3　土壤污染的特点

土壤污染具有隐蔽性和滞后性。空气污染、水污染和废弃物污染通常是直观的,可以通过感官发现。土壤污染是不同的,它需要通过分析土壤样本、检测作物残留物,甚至研究对人类和动物健康的影响来确定。因此,土壤污染从污染到问题出现往往需较长时间。

土壤污染具有积累性。土壤中的污染物不像大气和水体中的污染物那样容易扩散和稀释,容易在土壤中积累超标。因此,土壤污染具有很强的区域性。

土壤污染是不可逆转的。重金属对土壤的污染基本上是一个不可逆过程,许多污染土壤的有机化学物质需要很长时间才能降解。例如,被某些重金属污染的土壤可能需要 100～200 年才能恢复。

土壤污染很难控制。如果大气和水体受到污染,在切断污染源后,通过稀释和自净可以解决污染问题,但累积在土壤中的难降解污染物很难通过稀释和自净消除。一旦发生土壤污染,仅仅切断污染源往往很难恢复。有时可以通过换土和淋洗土壤来解决这个问题。其他处理技术的效果可能较慢。因此,污染土壤的处理成本高,处理周期长。

由于土壤污染难以控制,土壤污染问题的发生具有明显的隐蔽性、滞后性等特点。

1.1.8.4　土壤污染物的分类

第一类,病原体,包括肠道寄生虫(虫卵)、破伤风杆菌、霉菌和病毒等。它们主要来自用作肥料的人畜粪便和垃圾,也会来自灌溉农田的生活污水。这些病原体能在土壤中存活很长时间。如痢疾杆菌能在土壤中存活 22～142 天,结核分枝杆菌能存活约 1 年,蛔虫卵能存活 315～420 天,沙门氏菌能存活 35～70 天。

第二类,有毒化学物质,如镉和铅等重金属,以及有机氯农药。它们主要来自工业生产过程中排放的废水、废气、废渣,以及农业上施用的农药、化肥。

第三类,放射性物质,主要来源于核爆炸产生的大气沉降物以及工业、科学研究和医疗机构产生的液体或固体放射性废物。它们释放的放射性物质进入土壤并在土壤中积累,形成潜在威胁。

1.2　黑土概况

1.2.1　黑土的概念

黑土是由地表植被经过长期侵蚀形成的腐殖质演化而来的土壤。寒冷气候形成的黑土有机物质含量高,土壤肥沃,土壤疏松,最适合耕作。目前,只有美国密西西比河流域、乌克兰平原和中国东北地区有寒地黑土。

黑土土类有 4 个亚类:黑土、草甸黑土、白浆化黑土、表潜黑土。黑土亚类具有典型的土壤类型特征。草甸黑土亚类是黑土向草甸土的过渡类型,核心土层下有明显的锈斑。白浆化黑土亚类是黑土向白浆土的过渡类型,出现在断面中部和上部。表潜黑土亚类为黑土向沼泽土的过渡类型,质地黏重,可见大量锈斑。在深度 80～150 cm 及纬度较高的地区,会出现永久冻土,无霜期较短。

1.2.2　黑土的分布

世界上有三大黑土区。一个位于乌克兰平原,面积约 190 万平方千米。一个位于美国密西西比河流域,面积约 120 万平方千米。第三个黑土区位于我国东北地区。它们分布在寒温带,四季分明。由于植被茂盛,冬季寒冷,大量枯枝落叶难以腐烂分解,千万年后形成肥沃的黑土层。黑土的有机物质含量约为黄土的 10 倍。它是肥力最高、最适合耕种的土地。因此,世界三大黑土区发展为重要的粮食基地。黑土的复垦指数高,耕地比例大,自然肥力高。它在我国东北地区农业生产中发挥着极其重要的作用。东北黑土区的复垦历史已有 100~300 年。开垦黑土后,黑土的肥力特性发生了变化。一些土壤正朝着持续施肥和成熟的方向发展,但大量土壤的自然肥力正在下降。黑土退化主要表现为土壤侵蚀严重、有机物质含量下降、作物养分减少和失衡、土壤理化性质恶化、动植物减少等。

东北黑土的主要分布:北起黑龙江右岸,南至辽宁昌图,西与松辽平原接壤,东至小兴安岭、长白山及三江平原边缘部分山间盆地(见表 1-1)。东北地区黑土主要分布在黑龙江省和吉林省。黑龙江省主要分布在齐齐哈尔、绥化、黑河、佳木斯和哈尔滨等地,吉林省主要分布在长春、四平等地。

表 1-1　全国黑土面积分布

	面积/万亩	占土类面积/%	耕地/万亩	占耕地面积/%
黑龙江	7 237.1	65.67	5 409.4	74.77
吉林	1 651.5	14.99	1 247.9	17.25
内蒙古	1 613.0	14.63	438.3	6.06
甘肃	495.3	4.50	118.1	1.63
辽宁	20.6	0.19	20.6	0.29
河北	2.3	0.02	—	—

1.2.3 我国黑土的形成因素

1.2.3.1 黑土形成的气候条件

黑土区四季分明,冬季漫长,寒冷干燥,年平均气温多为 0~4 ℃。一般认为黑土是温带草原草甸条件下形成的土壤,其天然植被为草原草甸植物。形成时的母质土质较重,透水性差,季节性冻土层。在温暖多雨的夏季,植物生长旺盛,使得地上和地下有机物质的年积累量很大;在秋末,霜冻期来得很早,这使得植物枯萎并保存在地表和地下。随着气温急剧下降,分解残留的枝叶等有机物质来不及分解。当土壤温度升高时,在微生物的作用下,植物残留物转化为腐殖质并积累在土壤中,从而形成深层腐殖质层。

1.2.3.2 黑土形成的母质条件

黑土是在各种基本母质上形成的,这些母质包括钙质沉积岩、基性火成岩、玄武岩、火山灰和由这些物质形成的沉积物。这些母质富含斜长石、铁镁矿物和碳酸盐,有利于黑土的发育。据报道,中国黑土中涉及的母质包括石灰岩、玄武岩、第三纪河流湖泊沉积物和现代河流沉积物。

1.2.3.3 黑土形成的地形条件

黑土分布于海拔 1 000 m 以下的平坦地貌面(如高原、平原、台地)或低洼地(斜坡地下段、盆地、河谷),多分布于海拔 300 m 以下的地形。地形坡度一般不超过 2°~3°,但某些地区(如火山地区)坡度达到 15°~16°,也会出现黑土。我国黑土主要分布在低平的洼地,但一些低丘、台地上也有黑土发育。

1.2.3.4 黑土形成的时间条件

黑土母质的绝对年龄可追溯至全新世至更新世,基岩上发育的母质可追溯至中更新世或更早;然而,在运移的土壤材料或其他沉积物上发育的是在中更新世或以后。黑土的相对年龄尚幼,原因是:许多黑土发育在冲积、湖泊和火山岩等母质上;黑土有自翻转作用;在半干旱气候区,剖面的发育受到缓慢风化速率的限制;碱性母质不断释放出丰富的钙、镁碱,保持土壤中蒙脱石矿物的稳定;在坡地,由于快速剥蚀,表层不断被冲走,土壤处于浅层和年轻状态。

1.2.4 黑土的特征

东北黑土区年平均气温 0.5~6 ℃,≥10 ℃ 的积温为 2 100~2 700 ℃,夏季温暖湿润,冬季漫长寒冷,无霜期 90~140 天。分布区年平均降水量 450~650 mm,季节分布不均,其中 7~9 月降水占年降水量的一半以上,冬季降雪少。季节性冻土层是常见的。土壤冻结深度为 1.5~2 m,持续时间为 120~200 天。天然植被为森林杂草甸,俗称"五华草堂"。

东北黑土中地下水埋藏深度大多在 10~20 m,不影响成土过程。然而,由于母质和土壤质地较黏,黑土底层的透水性较差。在降水集中的季节,土壤水分过多,往往在 50~70 cm 或 150~200 cm 深处形成临时支持重力水层,可不断向土层上部补充水分,保证植被茂盛生长,为有机物质的积累创造条件。另一方面,这层支持重力水在土壤层的下部创造了一个嫌气环境,使铁质还原、淋溶和淀积。

东北黑土黏性大,存在季节性冻土层,土壤水分丰富,地上、地下有机物质年积累量可达每亩 1 000 kg。在漫长寒冷的冬季,土壤冻结,微生物活动受到抑制,留在土壤中的有机物质不能完全分解,以腐殖质的形式积累在土壤中,从而形成深层腐殖质层。

黑土最显著的特征是:①有深黑色腐殖质层,从上到下逐渐过渡到淀积层和母质层。腐殖质层厚度一般在 70 cm 左右,个别岗地的下部可达 1 m,但坡度较大的部分小于 30 cm。②土壤结构良好,腐殖质层大部分为粒状及块状结构,水稳性团聚体可达 70%~80%,土壤疏松多孔。③剖面中既没有钙积层,也没有石灰反应,但淀积层中有锈迹、锈斑和铁锰结核,这是黑土不同于黑钙土的一个重要特征。质地相对黏稠,大部分为重壤土至轻黏土,但土层下部主要为轻黏土。一般为微酸到中性。表层有机物质含量为 3%~6%,有的达 15%,分布较深。氮、磷和钾的含量相对较高。

与我国其他类型土壤相比,东北黑土具有较高的水稳性团聚体含量,是结构最好的土壤之一;腐殖质含量高,结构疏松,容重低,一般为 1 g/cm³;下层的堆积密度逐渐增加,可达到 1.5 g/cm³。孔隙度为 40%~60%,耕层为 60%,向下逐渐降低至 40%~50%。毛管孔隙为 30%~40%。耕层的通气孔隙率为 10%~20%,向下显著降低。土壤最大吸水量一般为 12%~13%,凋萎湿度为 18%~20%,田间持水量为 25%~35%。黑土具有较强的持水性、良好的渗透性、较高的水稳性团聚体含量、较强的根系微生物活性、良好的保肥保水性能。与其他几种主要耕地土壤相比,黑土及其亚类草甸黑土和黑钙土在土壤理化性质上也表现出明显优势,见表 1-2 和表 1-3。

表 1-2　不同类型土壤团粒结构级别分布

单位:%

土壤类型	土壤团粒结构级别分布(0.25 mm)	土壤团粒结构级别分布(0.25~5 mm)	土壤团粒结构级别分布(5~10 mm)
黑土	9	70	21
草甸黑土	17	65	18
黑钙土	25	60	15
暗棕壤	23	57	20
草甸土	30	50	20
白浆土	37	48	15
苏打盐土	48	39	11

表 1-3　不同类型土壤容重与孔隙度比较

土壤类型	容重/(g·cm⁻³)	孔隙度/%	土体密度
黑土	0.98~1.13	>60	疏松
草甸黑土	1.12~1.24	60~55	较疏松
暗棕壤	1.00~1.28	52~50	较疏松
黑钙土	1.21~1.32	54~48	较疏松
草甸土	1.10~1.35	50~48	稍紧密
白浆土	1.29~1.36	50~45	紧密
苏打盐土	1.31~1.40	<46	十分紧密

黑土具有较高的自然肥力,是中国最肥沃的土壤之一。黑土分布区是东北

地区最重要的粮食基地。管理不善会造成水土流失,土壤肥力迅速下降;此外,黑土还面临春旱、秋涝和早霜的危险。为保证黑土上种植的各种作物高产稳产,必须采取水土保持、施肥、合理排灌等措施。

1.3　土壤微生物群落概况

1.3.1　土壤微生物群落定义及测度

在生态学中,群落的定义是"特定时空条件下,生活在具有明显表观特征的生境下、相互关联的不同类群生物的有序集合"。其基本特征包括外貌、物种组成和结构(如捕食 – 被捕食关系)、群落环境、分布范围和边界特征。虽然这个定义实际上包括了一定范围内的所有动物、植物和微生物,但事实上,当不同的生态学家谈论群落时,他们经常指的是自己的研究对象,如动物群落或植物群落。

这种说法的差异在动植物研究中基本没有问题,但对于土壤微生物来说,需要注意以下问题:

第一,样本的代表性决定了群落。大多数微生物是肉眼看不见的,因此土壤微生物群落的外部形态、边界特征和分布范围都是比较模糊的概念。在实际研究中,极少量(0.25 g 至几克)土壤样本中的群落可代表目标范围内的微生物群落。不同类型土壤的微生物群落存在巨大差异,但同一类型土壤的不同养分梯度或不同土层的微生物群落也存在差异。因此,土壤微生物群落的定义是以研究目的为导向的,样本的代表性决定了土壤微生物群落之间的差异。

第二,微生物群落的特征取决于所研究的问题。对微生物群落的表征可以面向包括真核生物和原核生物在内的所有微生物,也可以仅面向某些具有特定功能的群体。

第三,目前,我们无法对群落中不同微生物之间的作用关系(即群落结构)提供非常明确和全面的证据。因此,我们只能先验性地认为微生物群落中的各类群之间存在着联系,然后在此基础上加以验证。微生物之间的作用关系可以通过分析代谢途径或采用生物统计学方法计算来揭示。

　　测度微生物群落物种组成的基础是微生物"种"的定义。由于微生物不具有明显的生殖隔离等特性,分子生物学中的微生物物种是通过序列相似性来定义的。最经典的判定方法是基因序列相似度超过70%的微生物为同一物种,但这种方法在目前的研究中尚未得到广泛应用。在实践中,物种水平分类单元通常以基于rRNA基因或编码特定酶的功能基因的运算分类单元(OTU)表征。一般认为,rRNA序列相似度大于97%的属于同一物种(即同一OTU);对于功能基因,这些数据将因特定对象而异,例如,一般认为氨单加氧酶的*amoA*基因为85%,而固氮酶的*nifH*基因为90%。同样,微生物之间的遗传关系也通过基因序列的相似度来衡量。当然,这种基于人工设定基因序列相似度的定义方法在一定程度上不能反映真实的物种差异。相比之下,全基因组测序并拼接的方法可以更准确地揭示物种组成。然而,由于土壤微生物种类繁多,全基因组拼接的难度高,因此并不常用。总的来说,虽然基于OTU的物种分类方法不是最好的,但它是目前最有效的微生物物种测度指标。

　　在微生物物种的基础上,我们可以进一步考虑多样性和丰富度等指标,如测度群落内部的α多样性(丰富度由单个样本中OTU的数量表示,均匀度由Simpson指数或Gini系数表示,多样性由Shannon指数或基于血缘关系的Faith指数表示),反映种群之间差异的β多样性(也称为周转率,包括Sörensen距离和Jaccard距离、Bray-Curtis距离和基于微生物亲缘关系的UniFrac距离等)和γ多样性(即洲际尺度上的α多样性)。表征丰富度的方法有两种:一种是通过定量PCR分析将特定基因折算为每克土壤中基因的拷贝数,另一种是通过测序表征不同分类水平上的序列条数占总序列条数的百分比。

1.3.2　土壤微生物群落时空演变的尺度效应

　　尽管群落构建理论没有明确限定范围,但自然界所有的格局和规律都具有尺度依赖性。我们观察到的土壤微生物时空分布规律是基于特定的时空尺度甚至分类尺度的。因此,尺度效应是地理学和生态学等研究中必须考虑的关键问题。在不同的研究尺度上,微生物群落构建机制的差异导致了群落演变规律的变化。

1.3.2.1　空间尺度

空间尺度可以简单地分为大尺度、中尺度和小尺度,也可以根据具体研究范围分为微小尺度、局部尺度、生态系统尺度、区域尺度、洲际尺度和全球尺度等。

微生物在不同空间尺度上的分布特征是土壤微生物地理研究的主要方面。由于土壤微生物极小,其空间分布可以覆盖不同的研究尺度:在厘米以下的微小尺度上土壤孔隙(团聚体)结构、微生物相互作用和根际效应可以导致微生物分布格局的差异;在米到千米的尺度上,土壤异质性、植被差异、地形等因素影响微生物的分布;在数百甚至数千千米的更大尺度上,土壤发育条件、气候甚至地理隔离都会影响微生物的空间分布。

土壤微生物在不同空间尺度上的分布特征可能不同。最典型的例子是局域尺度上和区域尺度上的纬度分布格局差异。相同的海拔和纬度具有相似的环境条件,随着海拔或纬度的增加,温度呈线性下降,伴随着降水、植被和土壤等环境条件的变化。在大的区域范围内,生物多样性的纬度格局是生态学中的一个重要问题。物种丰富度从热带到寒带逐渐降低的基本格局对于大型动植物已确定,但对无脊椎动物(包括蚯蚓和甲虫)缺乏适用性。现有证据表明,生物多样性纬度格局中似乎存在尺度效应,即小生物多样性在中纬度最高。由于缺乏完整纬度梯度的翔实数据,土壤微生物的全球地理分布格局仍未确定。然而,根据现有的一些结果,推测土壤微生物的纬度多样性格局可能与大型动植物的纬度多样性格局不一致。

从群落构建理论的角度来看,不同空间尺度土壤微生物群落分布格局的差异是由群落构建机制的差异导致的。生态位理论和中性理论是应用最广泛的解释:目前,生态学家倾向于认为生态位理论和中性理论对群落构建都有影响,但这种影响具有明显的尺度依赖性,即在小尺度上生态位理论比中性理论作用更大,而大尺度上中性理论比生态位理论作用更大。在认可微生物扩散限制的前提下,根据过程理论体系,小尺度上的扩散过程比大尺度上的扩散过程更容易实现。

1.3.2.2　时间尺度

土壤微生物群落随时间的演变也具有明显的规模效应。时间尺度上的研究跨度可以从小时、天、月到季节、年甚至更久。在较小的时间尺度上,微生物群落动态的驱动因素是间歇性脉冲式的,导致微生物的快速响应。例如,在长期干旱之后,降水引起的土壤含水量增加会在几分钟到几小时或几天内发生,这使得一些亲缘关系密切的特定微生物突然复苏并持续增多。这种快速响应与氮矿化和土壤二氧化碳释放的变化密切相关。在较大的时间尺度上,土壤微生物群落对环境条件的响应存在明显的季节性差异:春季和秋季对土壤养分的响应最为积极,而夏季与植被关系密切。

1.3.3　土壤微生物群落的分布特征

土壤微生物群落的分布特征是指受植被特征、土壤水热动力学、土壤有机物质含量等生物和非生物因素影响的土壤微生物群落结构、种群数量和微生物生物量表现出的时空变化规律。土壤微生物群落的分布特征反映了微生物群落对生物和非生物环境的敏感性,以及微生物群落对碳、氮、磷、硫等元素的利用和转化状况,是土壤肥力的重要生物学指标。

1.3.3.1　空间分布特征

土壤微生物群落的空间分布特征是指土壤微生物群落种类、区系组成、种群数量和微生物生物量等在土壤剖面上的垂直变化规律、沿经纬度的变化规律、在不同土壤和根际周围的变化规律。

土壤微生物群落的垂直分布特征主要是指土壤剖面上土壤微生物种类、区系组成、种群数量和微生物生物量的垂直变化规律。这种垂直变化规律是土壤水热状况、通气性、pH 值、有机物质含量、养分含量等土壤理化性质以及微生物自身特性综合调控的结果。总的来说,随着土壤深度的增加,土壤氧气和有机物质含量会降低,微生物的种类、数量和生物量也会显著减少。

中观水平上的土壤微生物水平分布特征在很大程度上取决于地理和土壤因素,包括微生物群落种类组成、种群数量特征,微生物生物量等随经纬度、植被和土壤的变化而表现出的变化特征。经纬度控制着热量、水和能量的分布,从而在很大程度上控制着植被和土壤的发育,使不同经纬度的土壤生态系统在物种组成、群落结构和生产力上存在很大差异。例如,低纬度地区森林中以阔叶树种为主,阔叶树种不仅具有物种组成丰富、群落结构复杂、生产力高、凋落物产量高的特点,而且具有土壤温度高、湿度大的特点,在土壤微生物群落中,细菌比例和微生物活性相对高于高纬度地区森林。低纬度地区森林的土壤有机层和矿质层中的微生物活性高,有机物质分解快,因此土壤有机层相对较薄。相反,在高纬度地区森林中,由于低温的限制和凋落物质量的影响,土壤微生物数量和活性相对较低,凋落物分解缓慢,土壤表面往往形成较厚的有机层。

有学者提出,根际是构成根–土界面的特殊环境,它是直接受植物根系活动影响的土壤,包括与土壤功能相关的所有生物、化学和物理过程。这些相互作用可能发生在根际、根外和根表。有人提出了"菌根圈"的概念来代表根系菌根扩展的根际。根际是土壤生态系统的重要组成部分,是功能多样性的重要源和汇。菌根圈可扩大根际范围,对一些植物的生长起着非常重要的作用。根际通常由以下四个相互关联的结构组成:(1)土壤有机物质和根凋落物,为土壤微生物群落的生长和繁殖提供能量和营养元素;(2)活的根系作为大型生物,促进土壤微生物的生长繁殖,提高土壤微生物的活性;(3)以异养菌为优势菌群的微生物;(4)共生微生物,包括固氮细菌、菌根真菌和放线菌。植物根系(尤其是细根)能分泌蛋白质、氨基酸、糖、有机酸、生长素、维生素和酶等,使根际土壤环境中的养分有效性、酶活性、微生物群落组成和结构等与根外土壤不同,即产生根际效应。此外,根系凋落物和死亡物返回根际土壤,为地下生物的生长和繁殖提供基质和能量,并产生另一种所谓的次生根际效应。例如:由于根际效应,根际土壤中微生物的数量和活性普遍高于根外土壤;根际土壤碳氮比一般较低,更利于土壤细菌的生长繁殖,因此,非菌根植物的根际土壤中细菌比例普遍较高,根际土壤是非共生固氮微生物活动的重要场所。在根际土壤中接种非共生固氮微生物制剂可以改善在贫瘠土壤上生长的树木的营养,促进树木的生长发育。根际土壤通常具有大量的解磷细菌和较高的磷酸酶活性,种植根际土壤中解磷细菌较多和磷酸酶活性较高的树种对磷有效性低的土壤的植被恢复和重建非常重要。

此外,根际异养细菌的氨化、硝化、甲烷生成和硫还原等活动与生物地球化学循环和许多环境问题密切相关。

1.3.3.2 时间分布特征

土壤微生物种群可能会迅速变化。在几小时或几天内,快速的环境变化,如有机物质突然输入或干燥土壤湿润,可能会刺激微生物活性快速增强和细胞繁殖。土壤微生物群落的季节变化主要表现为微生物种群密度和微生物生物量随气候或能量输入条件的变化而变化。在较长的时间尺度上,有机物分解过程中的物质转化可能导致微生物分解菌群的变化,从而导致不同的微生物演替。

(1)短期变化

受土壤团聚体结构的保护,在水热条件不适合时土壤微生物可能处于休眠状态,当生态条件适宜时处于休眠状态的微生物可能会被迅速激活。例如,在向土壤中添加蔗糖溶液后 24 h 内,团聚体中的细菌仍然受到保护。

(2)季节变化

土壤微生物群落对气候等自然环境条件的变化非常敏感。水热条件的季节性变化必然导致土壤微生物种群密度、种群数量、种群结构和生物量的季节性变化。对瑞典针叶林土壤细菌的研究表明,细菌生物量具有明显的季节动态——6 月最低,9 月最高,相差近 10 倍。Kilbertus 等人观察到,针叶林腐殖质层上面几厘米处的细菌种群密度变化很大——在 6 月最大,在 12 月最小,最大种群密度与最小种群密度相差 100 倍。Srivastava 等人的研究表明,热带土壤中的碳和氮含量较低,这是由于干燥和炎热的条件以及植被覆盖率较低。纤维素分解微生物、解磷细菌和固氮微生物对草地和森林土壤的元素循环和养分供应非常重要。尽管这些微生物种群的数量随季节和地点而变化,但这些微生物在微生物总数中的比例可用于分析微生物生态的变化。

1.3.4　影响土壤微生物群落的因素

1.3.4.1　土壤理化性质对土壤微生物群落的影响

(1)土壤有机物质

土壤有机物质是土壤微生物生长的主要能源和养分。因此,土壤有机物质的类型和含量对于提供维持土壤各种功能所需的能量、基质和生物多样性非常重要。土壤有机物质的有效性和组成是影响微生物生物量和群落组成的关键因素。不同颗粒等级土壤中微生物数量差异较大,黏粒部分中细菌数量较多,而较大颗粒土壤中真菌数量相对较多。土壤颗粒越细，有机物质含量越高，微生物群落结构越复杂，多样性越高。对相同颗粒等级、不同有机物质含量土壤中微生物群落的比较表明，有机物质含量越高，黏粒组成越大，细菌数量越多，真菌数量越少。在土壤生物化学演化过程中，有机物质含量高的土壤形成了大量的细菌、放线菌和少量的真菌。有机物质含量越高，土壤微生物的缓冲能力越强。土壤微生物均匀度指数随土壤有机物质含量的增加而增加，不同有机物质含量的土壤物种丰富度指数差异较大。

（2）土壤酸碱度

土壤酸碱度是描述土壤形成和熟化过程的重要指标。它通常用土壤的 pH 值来表示。土壤溶液中的盐浓度、二氧化碳含量和交换性阳离子浓度会影响 pH 值，土壤 pH 值变化在 1 ~ 2 个单位之间。

土壤酸碱度是影响土壤养分转化的因素之一。pH 值降低会降低土壤有机物质的溶解度，减少为微生物提供的碳源和氮源，降低土壤微生物分解和运输有机物质的能力，也会改变土壤微生物群落结构。

微生物原生质的 pH 值接近中性，因此当土壤的 pH 值接近中性时，微生物表现出较高的活性。不同土壤微生物的最适 pH 值范围不同。细菌的最适 pH 值一般为 6.5 ~ 7.5，放线菌的最适 pH 值为 7.5 ~ 8，真菌的最适 pH 值为 5 ~ 6。真菌对氢离子浓度不敏感，大多数细菌和放线菌的最适 pH 值较窄，在酸性环境中真菌群落比例较大。在 pH = 5 ~ 8 范围内，微生物数量随 pH 值的升高而增加。过高或过低的 pH 值不适合大多数微生物，只有少数微生物可以在 pH > 8 或 pH < 5 的条件下生存，如嗜碱菌可在 pH 值高于 8 的条件下生存。

1.3.4.2　水分对土壤微生物群落的影响

水是微生物原生质的重要组成部分，它也是土壤酶作用的介质。微生物的生命活动离不开水。因此，土壤中必须含有适量的水。

当土壤含水量降低到一定程度时，微生物数量将显著减少，因为土壤水是溶剂，溶液浓度影响其渗透压。当溶质保持不变时，土壤水分越少，溶液浓度越大，渗透压越高，可能引起生理性干旱，不利于微生物生长；适当的土壤含水量有助于增加土壤微生物的种群规模，当土壤含水量超过田间土壤持水量时，土壤微生物数量会随着土壤含水量的增加而减少。

在半干旱和干旱地区,干旱可能是影响微生物群落多样性和活性的主要胁迫因子。干旱胁迫可以减少基质的扩散,增加微生物对碳和氮的需求。干旱条件下存活的微生物是一些具有特殊能力的微生物。

过量的水会对某些微生物的生存产生不利影响。根据微生物对氧气需求的不同,微生物可分为好氧微生物和厌氧微生物,土壤中的好氧微生物往往占优势,占微生物总数的60%~80%。它们需要自由通风条件或氧化物存在。当土壤中水分过多时,土壤中的空气将被水所取代。如果淹水时间延长,则有利于厌氧微生物的繁殖,土壤水分也会通过影响土壤理化性质间接影响土壤微生物群落。

1.3.4.3 温度对土壤微生物群落的影响

温度是影响微生物生长的重要因素,但微生物的适宜生长温度差异很大。根据微生物的适宜生长温度,将微生物分为三类:嗜热微生物、嗜冷微生物和嗜温微生物。

Lipson 和 Schmidt 对高山冻土细菌群落的研究结果表明,细菌群落的组成随季节变化。Nemergut 等人回顾了高山和北极地区土壤微生物的研究成果,指出寒冷地区土壤微生物群落存在明显的季节性变化,寒冷地区土壤微生物群落的季节性变化也影响其功能,这最直接地反映在土壤呼吸强度的变化上。Lipson等人将冬季土壤和夏季土壤带回实验室,分别在 22 ℃ 和 0 ℃ 条件下测量了土壤的呼吸强度。结果表明,在 22 ℃ 和 0 ℃ 条件下,冬季土壤呼吸速率都显著高于夏季土壤。冬季土壤微生物利用香草酸的能力强,春夏季土壤微生物利用甘氨酸的能力强。

1.3.4.4 植被对土壤微生物群落的影响

植被是土壤微生物生存的有机养分和能量的重要来源。它通过影响土壤含水量、温度、通气量、pH 值和有机碳氮水平等微生物生存的物理环境来影响土壤微生物群落。微生物群落受植被类型、植被演替和植物根系等因素的影响。

(1)植被类型

在不同的植被条件下,土壤中的各种矿质元素、有机物质、含水量、温度、通气量和 pH 值都不同,因此微生物的种类和数量也不同。黄志宏等人在南岭小坑森林公园调查了针阔混交林、常绿阔叶林、杉木林和毛竹林 4 种典型林型,结果表明:不同林型土壤微生物数量存在显著差异($p < 0.001$),微生物总数平均值以针阔混交林最高,其次是毛竹林和常绿阔叶林,杉木林最低。不同林型中各种微生物组成比例不同,从总体来看,细菌占绝大多数,其次是放线菌,真菌相对最少。王锐萍等人发现,鼎湖山南亚热带季节雨林凋落物和土壤中细菌较多,其次是真菌,放线菌最少。周丽霞等人在对鹤山退化生态系统恢复过程的研究中发现,土壤微生物组成以细菌为主,其次是放线菌,真菌相对较少。可以看出,不同的林地类型对土壤微生物的数量和种类有不同的影响。这种现象可能与不同林地类型凋落物的质量有关,也可能与森林的微环境有关。

(2)植被演替

在同一种植物的土壤中,微生物群落的丰富度随植物年龄的变化而变化。杉木林生长初期,土壤微生物群落结构相对单一,丰富度也较低。随着杉木林生长发育,土壤微生物群落的多样性和丰富度逐渐增加。植物年龄对不同的微生物有不同的影响。例如,在不同发育阶段杉木林的土壤中,细菌和真菌受杉木年龄的影响较大,真菌受杉木年龄的影响大于细菌,土壤真菌多样性和丰富度在不同年龄段的杉木林土壤中表现出显著变化,随着植被的演替,土壤容重逐渐降低,土壤的通气量增加,利于好氧微生物的繁殖和生存,土壤养分也不断增加,促进了微生物活性的提高。朱斌等人对宝华山不同演替群落下的土壤微生物进行了研究,发现演替初级阶段的次生裸地的微生物总量低于青冈 - 栓皮栎混交林和纯盐肤木林。由于不同演替阶段森林对土壤营养状况和水热条件的影响不同,土壤微生物生存的生态环境也不同。纯盐肤木林、青冈 - 栓皮栎混交林能为土壤微生物提供较好的生态环境,而次生裸地的营养条件、水热条件均较差。

(3)植物根系

当植物根系发达时,它们可能产生种类更多和质量更好的根系分泌物。这些植物根系分泌物为微生物的生长提供了各种营养物质,使根际能够为微生物提供更适宜的环境,从而在根际有更多的细菌、真菌和放线菌。不同植物根系分泌物具有不同的理化性质,对土壤微生物的生长具有不同的选择性刺激作用。因此,不同植被类型的根际环境对细菌、放线菌和真菌有不同的影响,并且对根际微生物总量有显著的根际效应。章家恩等人对南亚热带不同植被根际微生物数量的调查结果表明,土壤微生物总量在不同植被下均表现出明显的根际效应,即根际土壤微生物数量要高于根外土壤。广东凤丫蕨、大叶相思和青皮对放线菌、真菌都有明显的根际效应;尾叶桉对放线菌的根际效应明显;湿地松对真菌有明显的根际效应。这是因为同一植被下,根际土壤较为疏松,孔隙度较高,质地较好,有机物质、全氮、有效氮、有效钾、有效磷的含量均明显高于根外土壤。但对于某一类微生物,不同植被可能表现出正效应,也可能表现出负效应。木荷对细菌有明显的根际效应,但对放线菌和真菌则表现出负效应,柳叶竹对真菌也表现出负效应。此外,同一种植物的根际微生物群落结构随着植物的生长过程不断改变,所以根际土壤微生物群落结构具有非常明显的时空特征。

1.3.4.5　人类活动对土壤微生物群落的影响

施肥类型和施肥量不同,对土壤微生物群落的影响不一致。施用有机肥可以改善土壤微生态环境,刺激微生物生长,提高土壤微生物群落多样性,降低微生物群落均匀性;施用无机肥会在一定程度上降低微生物群落的多样性。当施用无机肥并提供一定的有机物质时,土壤微生物数量将显著增加。少量和中量施用氮肥并未显著增加土壤微生物数量。只有当施氮量较大时,土壤微生物数量才显著增加。徐阳春等人的研究表明,在等氮、等磷、等钾的条件下,化肥单施的效果远远低于有机肥与化肥的配施效果。有机肥与无机肥配施能提供丰富的碳源,促进土壤微生物的生长。滕应等人研究了矿区侵蚀土壤的微生物活性和微生物群落功能多样性。研究表明,矿区不同区位段侵蚀土壤微生物活性指标存在一定差异。土壤微生物生物量碳和细菌数量随着侵蚀强度的增加而减少,但土壤基础呼吸和微生物代谢熵越来越高,在土壤侵蚀胁迫条件下,微生物在生物量减少的同时可能需要更多的能量维持生存,从而土壤微生物的代谢活性发生不同程度的变化。这可能是因为侵蚀土壤中的微生物可以更多地利用有机碳作为能量,并以二氧化碳的形式释放,而轻度侵蚀土壤中的微生物可以更有效地利用有机碳,将其转化为生物量碳,导致土壤基础呼吸和微生物代谢熵随着侵蚀的加剧而增加。

1.3.5　土壤微生物群落及多样性研究方法的进展

1.3.5.1　传统方法

传统上,对土壤微生物群落及多样性的研究主要依靠平板培养法和显微计数法,即用特定的培养基组分分离土壤微生物,以 CFU 值表示可培养微生物的数量,随后,从土壤样本中分离纯化所需菌株并进行鉴定,以获得可培养微生物的类型和数量信息。

然而,这种方法存在许多缺陷。传统的实验室培养方法无法培养出土壤中的所有微生物,能够分离和鉴定的微生物仅占土壤微生物总数的 1%～10%,而且获得的微生物群落信息不全面。此外,这对进一步分析微生物群落之间的关系和相互作用的贡献也很小,获得的信息也不能代表其他未培养微生物的情况。

虽然传统方法有很多缺点,但在特定土壤微生物群落及多样性的研究中仍起到重要作用,因而可作为其他方法的有力补充。

1.3.5.2　分子生物学方法

由于大多数土壤微生物是不可培养的,因此可直接提取 DNA 或 RNA 获得微生物群落组成的多样性。近些年来,分子生物学方法成为常用的土壤微生物群落及多样性研究方法。这些分子生物技术主要包括:变性梯度凝胶电泳(DGGE)、温度梯度凝胶电泳(TGGE)、单链构象多态性(SSCP)、末端限制性片段长度多态性(T‑RFLP)、随机扩增多态性 DNA(RAPD)等。

DGGE 对微生物群落多样性的分析通常包括三个步骤:一是提取核酸,二是扩增 16S rRNA、18S rRNA 或功能基因片段,三是 DGGE 对 PCR 产物的分析。DGGE 和 TGGE 的作用机制是相同的,分别通过逐渐增大化学变性剂线性浓度梯度和线性温度梯度,分离出长度相同但只有一个碱基不同的 DNA 片段。DGGE 和 TGGE 已被广泛用于分析自然环境中微生物群落的多样性。这两种技术不仅可以提供群落中优势种群的信息,而且可以同时分析多个样本,具有重复性好、操作简单的特点,更适合调查种群的时空变化,群落的组成也可以通过条带序列分析或特异探针杂交分析来确定。

虽然 DGGE 技术在微生物群落及多样性研究方面具有许多优势,但它仍然缺乏关于微生物代谢活性、微生物数量和基因表达水平的信息,因此,有必要将 DGGE 技术与其他技术相结合。

PCR - SSCP 分析的基本过程是:首先对特定的靶序列进行 PCR 扩增,将扩增产物变性为单链,然后进行非变性聚丙烯酰胺凝胶电泳。相同长度的 DNA 单链顺序不同,单碱基、构象不同,电泳迁移率也不同。当 PCR 产物变性时,单链产物通过非变性聚丙烯酰胺凝胶电泳,DNA 中的单个碱基置换,或多个碱基插入或删除,将导致泳动变位,从而使变异 DNA 与正常 DNA 分离。

1.3.5.3 生物标志物法

用生物标志物来描述土壤微生物群落及多样性是常用的方法。生物标志物通常是微生物细胞的生化组成成分或细胞分泌物等。

用这种方法定量描述土壤微生物群落及多样性的优点是既不需要把微生物从土壤样品中分离,又能避免微生物培养可能带来的选择性生长。

磷脂脂肪酸(PLFA)法是一种定性和定量分析土壤微生物群落及多样性的方法。磷脂脂肪酸是生物细胞膜的主要成分。它们稳定地存在于同一微生物中,可以遗传。磷脂脂肪酸是含有磷酸的脂类,在大多数情况下,土壤中的磷脂脂肪酸以生物体的形式存在。同样,细胞外磷脂脂肪酸的含量相对较少。因此,土壤中的磷脂脂肪酸可以作为表征土壤微生物群落生物量和结构的标志物。从土壤中提取的一些常用磷脂脂肪酸标志物(表 1 - 4)的数量可用于准确定量土壤微生物。用磷脂脂肪酸法分析微生物群落多样性,比传统的微生物培养方法更快、更准确,减少了培养分离过程中人为因素造成的误差。尽管磷脂脂肪酸方法在应用上有许多优点,该方法也有许多缺点:该方法不能在物种或菌株水平上鉴别微生物。如果人为改变磷脂脂肪酸标签,也会导致结果评估的偏差。同时,其他因素也会影响试验结果,如田间植物中的磷脂脂肪酸会造成不准确的结果。在应用过程中,如有必要,磷脂脂肪酸法还需要结合其他技术。

表1-4　表征微生物量的磷脂脂肪酸类型

微生物类型	磷脂脂肪酸标记
细菌	i15:0、a15:0、i16:0、i17:0、a17:0、16:1ω7c、18:1ω7c、cy17:0、cy19:0、14:0、17:0、16:1ω9c、2OH16:0
真菌	18:1ω9c、18:2ω6,9c、16:1ω5c、18:1ω9t、21:0、23:0
放线菌	10Me16:0、10Me17:0、10Me18:0
革兰氏阳性菌	i14:0、i15:0、a15:0、i16:0、i17:0、a17:0
革兰氏阴性菌	16:1ω5c、16:1ω7c、16:1ω9c、17:1ω8c、18:1ω7c、18:1ω9c、cy17:0、cy19:0

1.4　黑土的土壤微生物状况、土壤退化与保护

1.4.1　黑土的土壤微生物

土壤微生物群落结构和活动能敏感地反映土壤质量和健康状况,是评价土壤环境质量不可缺少的生物学指标。可培养微生物数量是反映微生物群落规模的重要指标;土壤微生物群落功能多样性反映了微生物群落整体活性和代谢功能,是表征土壤微生物群落状态和功能的敏感指标。土壤微生物群落结构和基质利用能力的变化主要受自然环境温度、湿度、植物残体和作物生长的季节性反复波动的影响。以往的研究表明,季节变化引起的土壤微生物群落结构和活性变化远大于养分施用和土壤利用方式引起的变化。

土壤微生物的数量直接影响着土壤的生物化学活性和土壤养分的组成与转化,是土壤肥力的重要指标之一。相关研究结果表明,在春、夏、秋三个季节中典型黑土区未经开垦干扰黑土微生物数量随季节变化,夏季最多,春季次之,秋季最少。土壤微生物数量的季节变化与有机物质供应、植物生长状况、温湿度等环境因素有关。夏季气温高,降水量多,植物生长旺盛,土壤有机物质含量

高。因此,夏季土壤微生物数量高于春季和秋季。黑土微生物以细菌为主,细菌占微生物总数量的98%,真菌和放线菌数量相对较少。不同季节间土壤微生物组成类群也有一定差异,春季放线菌数量多于真菌,二者分别占微生物总数量的0.97%和0.40%;夏季放线菌数量也多于真菌,二者分别占微生物总数量的0.91%和0.61%;秋季真菌数量多于放线菌,二者分别占微生物总数量的0.90%和0.84%。这表明在未干扰黑土微生物中,细菌数量相对最多,是土壤微生物中最大的类群。

不同的多样性指数反映了土壤微生物群落组成的不同方面。结合它们可以分析土壤微生物群落功能多样性。丰富度指数是指使用的碳源总数。Shannon-Wiener 指数是反映群落物种及其个体数量和分布均匀程度的综合指数,受群落物种丰富度的影响较大。Simpson 指数能反映群落中最常见物种的优势度,而 McIntosh 指数则用于衡量群落中物种的均一性。未干扰黑土微生物群落丰富度指数、Shannon-Wiener 指数、Simpson 指数和 McIntosh 指数均表现为夏季高于春季和秋季。其中夏季丰富度指数为27,分别是春季和秋季丰富度指数的1.24倍和1.17倍;Shannon-Wiener 指数为3.18,是春季和秋季的1.04倍;Simpson 指数为0.95,是春季和秋季的1.01倍;McIntosh 指数为8.19,是春季和秋季的1.39倍。方差分析显示,春季与夏季、夏季与秋季之间差异显著,而春季与秋季之间差异不显著。夏季土壤微生物群落的物种丰富度和均一性以及群落中常见物种的优势度均显著高于春季和秋季。

1.4.2　黑土退化特征

东北黑土的开垦历史已有数百年之久。开垦后,黑土的肥力性状发生变化,有部分黑土向着不断培肥熟化的方向发展,但是比较普遍的现象是土壤肥力不断下降。

1.4.2.1　黑土面积减少

根据第一次全国土壤普查统计,吉林省和黑龙江省的黑土总面积约为1 000万公顷。当时,黑龙江省一半以上的耕地是黑土。尽管吉林省黑土面积相对较小,但黑土耕地面积占全省耕地面积的10%以上。据第二次全国土壤普查统计,吉林省和黑龙江省的黑土总面积约为 592 万公顷,比新中国成立初期减少约 400 万公顷。

1.4.2.2　黑土层减薄

自然黑土腐殖质层厚度一般为 30~70 cm,深度可达 100 cm 以上。很少黑土有腐殖质层小于 30 cm。但目前,由于多年的耕作和水土流失,黑土层正在逐渐变薄。

黑土侵蚀主要为水蚀和风蚀。由于黑土腐殖质含量高、土壤疏松,加之毁林开垦、毁草开垦等不合理开发利用,部分坡耕地水土流失严重,形成大面积荒山秃岭。由于水土流失,黑土层每年减薄 0.4~0.5 cm,产生 1 cm 黑土需要 200~400年。有些地方的黑土层厚度已从开垦初期的 60~70 cm 减少到目前的 20~30 cm。由于土壤侵蚀,部分黑土逐渐向黄土演化。

1.4.2.3　土壤养分减少、肥力下降

以少投入、多产出为主导,广种薄收的掠夺性经营导致土壤养分平衡失调,黑土有机物质含量减少,土壤肥力逐渐降低。1958 年黑土有机物质含量为 4%~6%,最高可达 8% 以上;到 1990 年,黑土有机物质含量已降至 3%~5%,在土壤侵蚀严重的地方,有机物质含量已低于 2%。相关资料表明,黑土耕作层有机物质含量每年约下降 0.01%。随着有机物质含量减少,黑土减少,肥力下降导致作物单产低,总产量不稳定。

1.4.2.4　黑土理化性质日益恶化

随着开垦年限的增加和土壤有机物质含量的降低,黑土理化性质也发生显著变化,土壤容重增加,保水、保肥、通风性能下降,土壤日趋板结,可耕性越来越差,抗旱抗洪能力下降。

1.4.3　黑土的保护问题

应充分认识黑土作为优势资源的重要性,加强对黑土的技术性保护措施。①采取植物、农业、工程等综合措施控制水土流失。要加强黑土质量和黑土退

化监测体系建设,对各区域黑土流失进行分类划分,做到分类治理、有针对性、措施得当。根据水土流失的区域差异和地形地貌条件,实施不同的方案,如:在丘陵、台地和河谷地区,将生物措施和水利结合起来,以治坡为重点,植树种草护坡;对于现有冲沟,应采取挖截流沟、建塘坝、沟头防护等工程措施;对25°以上坡地坚决退耕还林,封山育林,保护水源;对于高台地水蚀区和风蚀区,应结合农田防护林、水土保持林和经济林建设,结合乔木、灌木林建设,建立高标准农田防护林网络,种植灌木和草地,提高防风固土能力;促进集雨节灌与小流域水土保持相结合,实现水蚀水利化。②加强黑土资源的质量保护。建立耕地档案,记录土壤肥力变化、耕地耕作历史和采取的保护性措施。推广科学合理的耕作制度,采取深松等措施,增加土壤蓄水量,改善土壤结构。实施土壤有机培肥工程,采取增加有机肥施用量、秸秆还田、有机肥与无机肥配合施用等措施,提高土壤肥力,提高土壤有机物质含量,保持土壤养分的相对平衡。根据食品安全生产水平(普通食品、无公害食品、绿色食品和有机食品)限制化学农药的使用。为土壤测量、平衡施肥和土地保护研究设立土壤保护基金。③调整农业结构。合理安排农林牧用地,做到宜林则林、宜牧则牧。增加畜牧业(草业)、林业在农业中的比例,减少种植业比例。提高饲料作物在种植业中的比例,实现种植业由"粮食作物－经济作物"二元结构向"粮食作物－经济作物－饲料作物"三元结构的转变。

开展对黑土退化机制和保护的研究。目前,我国对黑土退化的重视程度不够,有关黑土退化机制、退化速率和防治措施等方面的研究不多。要对黑土这一宝贵资源实施科学合理的开发利用和保护,必须对黑土资源进行全面、系统、深入的调查研究。从近期黑土保护的迫切需要出发,建议国家有关部门与地方联合,通过立项研究,掌握黑土区生态环境状况;研究黑土退化的时空演变规律、演变趋势;探索黑土退化的驱动因素;提出防止黑土退化、水土流失和增加黑土有机物质含量的有效工程措施及对黑土进行保护性开发的相关政策和措施。从长远看,可建立国家与地方相结合的国家重点实验室等研究平台,为国家科学决策提供可靠依据。

1.5 长残留除草剂的分类、应用现状与对策

1.5.1 长残留除草剂的分类

长残留除草剂,即对下茬作物造成药害的除草剂,它们通常在土壤中残留很长时间,可达 2~3 年,甚至超过 4 年。虽然它们不再有除草作用,但会对敏感作物造成药害,甚至导致绝产。

(1)咪唑乙烟酸、氯嘧磺隆等农药残留时间长,对下茬作物危害严重。长期使用后,杂草群落发生变化,因此药效差,易被过量使用。目前,我国除草剂发展迅速,品种齐全,数量充足,取代咪唑乙烟酸、氯嘧磺隆及其混配制剂的时机已经成熟。

(2)除草剂氟磺胺草醚对下茬作物的危害类型相对较少,限制用药量、混用可减轻对下茬作物的残留影响。氟磺胺草醚对杂草群落演替后的难治杂草,尤其是大豆田杂草,防治效果显著。

1.5.2 长残留除草剂在黑龙江省的应用现状

黑龙江省是我国长残留除草剂使用面积最大的省份之一,长残留除草剂的使用主要集中在大豆和玉米上。长残留除草剂品种主要有咪唑乙烟酸、氯磺隆、氟磺胺草醚、阿特拉津等。目前,黑龙江省80%以上的玉米田使用长残留除草剂烟嘧磺隆和阿特拉津进行苗后茎叶除草,75%以上的大豆田使用长残留除草剂氟磺胺草醚、咪唑乙烟酸等。长残留除草剂不仅对后续敏感作物造成影响,而且影响土壤微生物群落结构和多样性。随着氯磺隆施用年限的增加,土壤微生物磷脂脂肪酸总量减少,表明氯磺隆显著改变了大豆田土壤微生物群落。不同浓度的咪唑乙烟酸能显著降低土壤微生物生物量。阿特拉津残留不仅进入河流和地下水,而且影响土壤微生物群落、土壤微生物生物量和土壤酶等土壤环境指标。

1.5.3　长残留除草剂对土壤的影响

近年来,随着国内外对环境污染、陈草剂残留和生态保护的关注程度不断提高,不科学使用除草剂对土壤、地下水、动植物乃至人类健康造成的影响逐渐显现,这些问题受到了众多学者和相关机构的广泛关注。

土壤微生物是土壤生态环境的主要组成部分,它在土壤物质转化和能量传递过程中起着重要作用,与土壤肥力和健康状态密切相关,同时又可作为工业、农业、医药用菌的资源库。土壤微生物直接参与土壤中碳和氮的循环和转化,与土壤腐殖质的形成和土壤无机元素的形成密切相关。土壤微生物群落结构及其相关活性对维持土壤肥力和土壤生态系统物质循环具有重要意义。

当除草剂作用于土壤时,土壤中的微生物群落受到不同程度的影响。土壤微生物多样性的变化可以作为衡量土壤质量的指标。通过对土壤微生物群落变化的研究和分析,可以对土壤质量进行表征。姚斌等人采用实验室培养试验,研究了阿特拉津作为除草剂对土壤微生物生态特征的影响。结果表明,除草剂阿特拉津对土壤微生物多样性有一定的影响,其影响随栽培时间的不同而不同。土壤微生物生态特性指标可为除草剂对土壤环境质量的影响提供参考指标。盛宇等人采用磷脂脂肪酸法研究了黑龙江省苇河地区不同氯嘧磺隆施用历史下土壤微生物群落结构的差异,并测定了土壤中的氯嘧磺隆残留量。结果表明,不同施用历史下,氯嘧磺隆在土壤中的残留量都很低,且随着施用时间的延长,土壤微生物的磷脂脂肪酸总量呈下降趋势。这表明氯嘧磺隆的施用显著改变了大豆田土壤微生物群落结构。

土壤酶作为生物催化剂参与土壤代谢,土壤中的各种生化过程都是在这些酶的参与下完成的。土壤酶的主要来源是土壤微生物,它们参与土壤中有机物质的分解和腐殖质的形成。土壤酶活性是土壤微生物活性的代表性指标之一。因此,土壤酶活性也在很大程度上反映了土壤肥力、物质转化和生长环境的变化。

Alka Singh 等人在同一环境下对土壤进行了两年的不同处理:除草剂加农家肥料、除草剂加化肥和简单除草剂。结果表明,β – 糖苷酶的活性是逐渐降低的,同时,碱性磷酸酶活性和脲酶活性因处理不同而产生不同的变化。张宇等人分别用3种除草剂处理大豆根际土壤。结果表明,咪唑乙烟酸、氯嘧磺隆和异噁草酮对土壤脲酶活性有不同的影响,先表现出明显的抑制作用,然后随着时间的推移表现出不同的影响。有学者研究了除草剂嗪草酮、利谷隆对大豆田的处理效果,结果表明,这3种除草剂对大豆田土壤脲酶和磷酸酶均有一定的抑制作用,但不同之处在于利谷隆对大豆田土壤脲酶和磷酸酶有一定的抑制作用,对β-葡萄糖苷酶有一定的刺激作用。

1.5.4 控制长残留除草剂的对策

如何解决长残留除草剂的残留影响,减少环境污染,是国内外众多学者研究的重要课题。目前,多个国家都在限制长残留除草剂的使用或减少此类除草剂的用量。

政府部门要强化行政职能,及时发布有关法律法规或规范性文件。长残留除草剂的登记应受到限制。需要登记的,应当注明登记作物和禁忌作物,明确种植敏感作物的间隔时间、对后续作物的影响、注意事项等。对于对后续作物有残留损害且有替代品种的长残留除草剂,应取消或限制其使用范围。对于药效好但无替代品种的长残留除草剂,如甲基烟磺隆、氟磺胺草醚等,应限制使用量,改进施用技术,根据作物复种轮作的具体情况制定施用方法,并按地区限制使用。

建立土地档案,详细记录每块地的种植作物、使用的除草剂、种衣剂、杀虫剂、杀菌剂等农药的通用名称,准确记录使用剂量和时间,为及时调整种植结构提供基础数据。

通过广播、电视、互联网、科技培训等,加强对除草剂经营者和使用者安全合理使用农药知识和技术的宣传、指导和培训,提高农民化学除草方面的安全意识,使除草剂经营者和使用者掌握安全使用除草剂特别是长残留除草剂的相关知识。

高校、科研院所和农药生产企业要加强高效、低毒、低残留新型除草剂的开发、生产和示范,从长残留、低生物活性、窄除草谱向低残留、高生物活性、广除草谱发展,降低单位面积用量,进一步加强混施技术和增效技术的研发,不断引进更多新配方、新品种,降低长残留除草剂在生产中的比例。推广使用低毒、低残留除草剂是从源头上保证农产品质量安全和农业生态安全,减少农村土壤污染的关键措施。

1.6 氟磺胺草醚概述

1.6.1 氟磺胺草醚结构及理化性质

氟磺胺草醚,又名虎威,英文通用名为 Fomesafen,化学名称为 5 - [2 - 氯 - 4 - (三氟甲基)苯氧基] - N - 甲基磺酰基 - 2 - 硝基苯酰胺。由于在有机化合物中添加氟原子或含氟基团,提高了杀虫、杀菌和除草效果,提高了生物活性,减少了使用量。氟磺胺草醚的研究越来越受到人们的重视。其机制是抑制原卟啉原氧化酶的合成,破坏杂草的光合作用,最终导致细胞死亡。氟磺胺草醚的基本理化性质见表 1 - 5。

表 1 - 5　氟磺胺草醚的基本理化性质

类别	
相对分子质量	438.76
化学名称	5 - [2 - 氯 - 4 - (三氟甲基)苯氧基] - N - (甲基磺酰基) - 2 - 硝基苯酰胺
气味	无臭味
熔点	218 ~ 221 ℃
密度	1.28 g/cm³
蒸汽压	$< 1 \times 10^{-4}$ mPa(50 ℃)
溶解度(g/L,25 ℃)	水,0.05;丙酮,300;二氯甲烷,10;二甲苯,1.9;甲醇,20

1.6.2 氟磺胺草醚的应用及残留影响

1.6.2.1 氟磺胺草醚的应用

氟磺胺草醚是一种活性良好的选择性除草剂,在土壤中施用可控制大豆田阔叶杂草的生长。氟磺胺草醚可被杂草的茎、叶和根吸收,通过破坏杂草的光合作用使杂草枯萎死亡。氟磺胺草醚进口到中国后,由于在低浓度下有较高的除草活性,很快成为大豆田的常用除草剂。由于氟磺胺草醚残留会对后茬作物造成影响,因此常在大豆出苗后使用。经研究,使用有效成分为 250~375 g/hm² 的氟磺胺草醚具有良好的效果,用有效成分低于 250 g/hm² 的氟磺胺草醚对后茬作物安全。

氟磺胺草醚的使用面积较小,残留药害的问题并不明显,而且控制阔叶杂草的大豆除草剂品种少,因此常使用偏高的剂量。近年来,随着大豆种植面积不断扩大,大豆田杂草群落演替,难治杂草增多,氟磺胺草醚成为大豆防治难治杂草的必备品种。土壤中残留的氟磺胺草醚会对后茬敏感作物产生药害,影响农业种植结构的调整和农业生产安全。

1.6.2.2 氟磺胺草醚的残留影响

氟磺胺草醚的有效成分低于 250 g/hm² 时,在大豆幼苗生长后从真叶期施用到 1 片复叶期是安全的。在温度高于 28 ℃ 和空气相对湿度低于 65% 的条件下,这类除草剂会对大豆造成一定影响。小麦茬和玉米茬比大豆茬受药害后更容易恢复。大豆受这类除草剂药害后,叶片被灼伤无法进行光合作用,根不能从土壤中吸收矿物质养分。

1.7 阿特拉津概述

1.7.1 阿特拉津的结构与使用现状

阿特拉津(Atrazine,简称 AT),又名莠去津,化学名称为 2 - 氯 - 4 - 乙氨基 - 6 - 异丙胺基 - 1,3,5 - 三嗪,相对分子质量为 215.7,分子式为 $C_8H_{14}ClN_5$,化学结构式如图 1 - 1 所示。

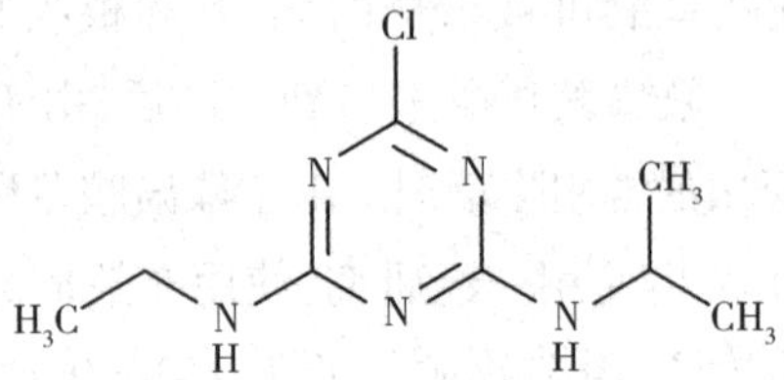

图 1-1　阿特拉津的化学结构

阿特拉津是一种三嗪类除草剂。由于其良好的除草效果和低廉的成本,已被广泛应用。阿特拉津作为一种选择性内吸传导型除草剂,主要由植物根系吸收到植物体内,然后通过木质部传导到地面部分发挥其活性,削弱植物的蒸腾和光合作用,破坏植物的叶绿体光系统Ⅱ,导致植物叶片缺水、萎蔫和死亡。阿特拉津广泛用于甘蔗、高粱、玉米等作物的禾本科和阔叶杂草的防除。虽然阿特拉津是低毒除草剂,但具有溶解性好、流动性高、性质稳定、残留期长的特点,易造成水土污染,对后茬敏感作物的生长发育有一定影响。阿特拉津分子中含有一个氯原子,可干扰人和哺乳动物的内分泌系统,具有潜在的致癌、致畸和致突变作用。由于阿特拉津长期连续使用且残留时间长(4～57周),许多国家和地区都检测到土壤中有阿特拉津残留。相关研究结果表明,阿特拉津残留可直接或间接影响水生生物及以及土壤中的细菌、真菌、放线菌等微生物。

在过去的几十年中,阿特拉津因其除草效率高、毒性低、成本低而在全球几十多个国家和地区得到广泛应用。

1.7.2　阿特拉津的残留影响

由于阿特拉津具有良好的除草能力和低廉的价格,它在世界各地被广泛使用。然而,阿特拉津的负面影响越来越明显。近年来,阿特拉津在大气、水、土壤、食品中的残留不断被检测到,施用阿特拉津的土壤中水稻幼苗中毒事件也有发生,其环境污染与防治引起了学术界和公众的广泛关注。

1.7.2.1　对土壤的影响

施用于农田的大部分阿特拉津会留在土壤中。阿特拉津虽然对杂草有很强的杀伤力,但也有无法克服的缺点。阿特拉津具有隐性药害,可在土壤中长期存在,不易降解。它可以在土壤和水中残留一年以上,这很容易影响后茬敏感作物。例如,郑东辉调查了不同用量的阿特拉津对作物的影响。施用1 500 mL/hm² 阿特拉津对小麦有明显影响,施用1 500 mL/hm² 阿特拉津对茄子有影响,施用750 mL/hm² 阿特拉津对番茄有影响。如果在长期种植玉米的土地上种植一些经济蔬菜和其他作物,往往会出现死苗。原因是阿特拉津在玉米田的使用时间较长,在土壤中有残留。此外,阿特拉津在土壤中的残留会与重金属形成络合物,这是环境因素相互作用所不能消除的。

阿特拉津污染土壤后,会产生一系列后续影响。首先,植物叶片上的残留和在其自身生命活动中从土壤中吸收积累的阿特拉津可以通过食物链富集到人和动物体内。其次,它导致作物减产。目前尚无系统的调查数据统计阿特拉津污染土壤造成的经济损失。再次,它会导致其他环境问题。土壤被污染后,表土随风和水流进入大气和水,对大气、地表水和地下水造成污染,进而引发一系列次生生态环境问题。

1.7.2.2　对大气的影响

阿特拉津以蒸发和土壤风蚀形成的浮尘形式挥发扩散到大气中,并通过干湿沉降返回地面。阿特拉津可以随风飘移,从农田到村舍,从村舍到城市,从农业区到城市,甚至可能到达无人地带。

1.7.2.3　对水环境的影响

阿特拉津施用后大部分直接进入土壤,易在土壤中向下迁移进入地下水,也可随地表径流进入江河湖泊,从而对水环境产生污染。在水中,阿特拉津的衰减受其结构的影响。在许多国家和地区的地表水和地下水中都检出阿特拉津残留,比如法国部分地表水和地下水中阿特拉津残留量经常超过欧盟所规定的标准,在美国春天时水中的阿特拉津残留量常会超过饮用水安全标准。

1.7.2.4　对植物的影响

阿特拉津具有生物毒性,因为其分子结构含有一个氯原子。环境中的生物会受到阿特拉津的直接或间接威胁。阿特拉津对植物的影响主要体现在对植物光合作用的抑制。其残留效应期长,会产生富集效应,很容易从土壤中转移至植物中并积累。水稻、小麦、大豆、甜菜等作物对阿特拉津非常敏感。研究人员模拟水田环境,研究阿特拉津对水稻不同时期的影响,结果表明,水稻苗期对阿特拉津最敏感,最高允许浓度为 0.5 mg/L。

1.7.2.5 对动物的影响

阿特拉津对动物有不同程度的影响等。阿特拉津可通过多种途径进入动物机体,造成一系列不良影响,如干扰内分泌、降低生殖功能、使其生理紊乱等。陈家长等人等在研究阿特拉津对雄性鲫鱼血清雌二醇的影响时发现,低浓度阿特拉津对雄性鲫鱼血清雌二醇的合成有诱导作用,而高浓度阿特拉津对雄性鲫鱼血清雌二醇的合成有抑制作用,因富集阿特拉津而血清雌二醇浓度发生显著变化的雄性鲫鱼可能会出现一定的生殖缺陷。

1.7.2.6 对人体的影响

空气、水、土壤中的阿特拉津残留可以直接或间接影响人体健康。有研究表明,短期低浓度阿特拉津可以显著影响人成纤维细胞增殖。阿特拉津可能对人类有致癌作用,长期接触阿特拉津的人患前列腺癌的比例要高于平均水平。阿特拉津也有可能造成人类心血管系统问题和生殖困难。

参考文献

[1]全国土壤普查办公室. 中国土壤[M]. 北京:中国农业出版社,1998.

[2]蔡姗姗. 长期定位施肥对黑土腐殖质组成及结构的影响[D]. 哈尔滨:东北农业大学,2014.

[3]萝北县粮食局. 强化责任机制 严格监管防控 坚决守住安全储粮和安全生产两个底线[J]. 黑龙江粮食,2019(3):28 – 29.

[4]蓝颖春. 东北黑土地不能消失[J]. 地球,2012(7):31 – 32.

[5]王淑芳. 加强寒地黑土资源保护的战略思考[J]. 内蒙古农业大学学报(社会科学版),2008(5):33 – 34,38.

[6]郭安宁. 不同土壤退化类型及其调控对土壤微生物的影响机制[D]. 中国

地质大学,2020.

[7] 解文惠,刘旭辉,陈霖虹,等. 不同重金属胁迫对乡土树种根际土壤微生物多样性的影响[J]. 农业科学,2021,11(4):12.

[8] 于磊,张柏. 中国黑土退化现状与防治对策[J]. 干旱区资源与环境,2004(1):99-103.

[9] 王小兵,吴元元,邓玲. 东北黑土区黑土退化防治与保护研究[J]. 资源与产业,2008(3):81-83.

[10] 马畅,刘新刚,吴小虎,等. 农田土壤中的农药残留对农产品安全的影响研究进展[J]. 植物保护,2020,46(2):6-11.

[11] 顾美英,徐万里,茆军,等. 连作对新疆绿洲棉田土壤微生物数量及酶活性的影响[J]. 干旱地区农业研究,2009(1):1-5,11.

[12] 王勐骋,杨永华,臧红兵. 利用 PLFA、CLPPs 和 ARDRA 标记分析甲胺磷对土壤微生物群落的影响[J]. 生态学杂志,2006,25(6):640-645.

[13] 姚斌,张超兰. 除草剂对土壤微生物生物量碳、氮及呼吸的影响[J]. 生态环境,2008,17(2):580-583.

[14] 盛宇,徐军,刘新刚,等. 氯嘧磺隆对土壤微生物群落结构的影响[J]. 应用生态学报,2010,21(11):2992-2996.

[15] BENDING G D,TURNER M K,JONES J E. Interactions between crop residue and soil organic matter quality and the functional diversity of soil microbial communities[J]. Soil Biology & Biochemistry,2002,34(8):1073-1082.

[16] 黄玉茜,韩立思,韩梅,等. 花生连作对土壤酶活性的影响[J]. 中国油料作物学报,2012,34(1):96-100.

[17] SINGH A,GHOSHAL N. Impact of herbicide and various soil amendments on soil enzymes activities in a tropical rainfed agroecosystem[J]. European Journal of Soil Biology,2013,54:56-62.

[18] 张宇,赵长山,丁伟. 不同长残留除草剂对大豆根际土壤脲酶活性的影响[J]. 大豆科学,2007,26(5):781-783.

[19] NIEMI R M,HEISKANEN I,AHTIAINEN J H,et al. Microbial toxicity and impacts on soil enzyme activities of pesticides used in potato cultivation[J]. Applied Soil Ecology,2009,41(3):293-304.

[20]SANNINO F,GIANFREDA L. Pesticide influence on soil enzymatic activities
[J]. Chemosphere,2001,45(4-5):417-425.

[21]颜慧,蔡祖聪,钟文辉. 磷脂脂肪酸分析方法及其在土壤微生物多样性研
究中的应用[J]. 土壤学报,2006,43(5):851-859.

[22]MURRAY M C. Viability and metabolic features of bacteria indigenous to a
contaminated deep aquifer[J]. Microbial Ecology,1996,32(3):305-321.

[23]李俊霞,刘晨光. 提高微生物可培养性的方法的研究概况和进展[J]. 微生
物前沿,2016,5(1):1-8.

[24]张洪霞,谭周进,张祺玲,等. 土壤微生物多样性研究的 DGGE/TGGE 技术
进展[J]. 核农学报,2009,23(4):721-727.

[25]马悦欣,HOLMSTROM C,WEBB J,等. 变性梯度凝胶电泳(DGGE)在微生
物生态学中的应用[J]. 生态学报,2003,23(8):1561-1569.

[26]KAUSHAL J,KHATRI M,ARYA S K. A treatise on Organophosphate pesticide
pollution:current strategies and advancements in their environmental degrada-
tion and elimination[J]. Ecotoxicology and Environmental Safety,2021,207:
111483-111494.

[27]SUWANCHATREE N,THANAKIATKRAI P,LINACRE A,et al. Discrimina-
tion of highly degraded,aged Asian and African elephant ivory using denatu-
ring gradient gel electrophoresis (DGGE)[J]. International Journal of Legal
Medicine,2021,135(1):107-115.

[28]陈静,马松成,毛华明. DGGE/TGGE 技术在微生物生态学中的应用[J].
中国畜牧兽医,2006,33(11):47-50.

[29]汪渊,朱光能,左莉,等. 多聚酶链反应-单链构象多态性分析基因点突变
[J]. 安徽医科大学学报,2004,39(4):321-323.

[30]CYCOŃ M,MARKOWICZ A,PIOTROWSKA-SEGET Z. Structural and func-
tional diversity of bacterial community in soil treated with the herbicide napro-
pamide estimated by the DGGE,CLPP and r/K-strategy approaches[J]. Ap-
plied Soil Ecology,2013,72:242-250.

[31]HORI T,HARUTA S,UENO Y,et al. Direct comparison of single-strand con-
formation polymorphism (SSCP) and denaturing gradient gel electrophoresis

（DGGE）to characterize a microbial community on the basis of 16S rRNA gene fragments［J］. Journal of Microbiological Methods,2006,66(1):165 – 169.

［32］钟文辉,蔡祖聪,尹力初,等. 用 PCR – DGGE 研究长期施用无机肥对种稻红壤微生物群落多样性的影响［J］. 生态学报,2007,27(10):4011 – 4018.

［33］邢德峰,任南琪. 应用 DGGE 研究微生物群落时的常见问题分析［J］. 微生物学报,2006,46(2):331 – 335.

［34］GARCHOW H,FORNEY L J. Accuracy, reproducibility, and interpretation of Fatty Acid methyl ester profiles of model bacterial communities［J］. Applied and Environmental Microbiology,1994,60:2483 – 2493.

［35］NELSON K Y, RAZBAN B,MCMARTIN D W,et al. A rapid methodology using fatty acid methyl esters to profile bacterial community structures in microbial fuel cells［J］. Bioelectrochemistry,2010,78(1):80 – 86.

［36］WHITE D C,STAIR J O,RINGELBERG D B. Quantitative comparisons ofin situ microbial biodiversity by signature biomarker analysis［J］. Journal of Industrial Microbiology,1996,17(3 – 4):185 – 196.

［37］MOLOMO R N,BASERA W,CHETTY – MHLANGA S,et al. Relation between organophosphate pesticide metabolite concentrations with pesticide exposures, socio – economic factors and lifestyles:a cross – sectional study among school boys in the rural Western Cape,South Africa［J］. Environmental Pollution, 2021,275:116660 – 116668.

［38］ZELLES L. Identification of single cultured micro – organisms based on their whole – community fatty acid profiles, using an extended extraction procedure ［J］. Chemosphere,1999,39(4):665 – 682.

［39］ROUSK J,BROOKES P C,BAATH E. The microbial PLFA composition as affected by pH in an arable soil［J］. Soil Biology & Biochemistry,2010,42(3): 516 – 520.

［40］ZOGG G P,ZAK D R,RINGLEBERG D B,et al. Compositional and functional shifts in microbial communities due to soil warming［J］. Soil Science Society of America Journal,1997,61:475 – 481.

［41］STEINBERGER Y,ZELLES L,BAI Q Y,et al. Phospholipid fatty acid profiles as indicators for the microbial community structure in soils along a climatic transect in the Judean Desert[J]. Biology and Fertility of Soils,1999,28: 292 – 300.

[42]姚晓东,王娓,曾辉. 磷脂脂肪酸法在土壤微生物群落分析中的应用[J]. 微生物学通报,2016,43(9):2086 – 2095.

[43]刘波,胡桂萍,郑雪芳,等. 利用磷脂脂肪酸(PLFAs)生物标记法分析水稻根际土壤微生物多样性[J]. 中国水稻科学,2010,24(3):278 – 288.

[44]郭江峰,陆贻通,孙锦荷. 氟磺胺草醚在花生和大豆田中的残留动态[J]. 农业环境保护,2000,19(2):82 – 84.

[45]张清明. 除草剂氟磺胺草醚对土壤酶、微生物与蚯蚓的生态毒理研究[D]. 济南:山东农业大学,2012.

[46]刘友香,王险峰. 氟磺胺草醚药害原因分析与处理[J]. 现代化农业,2010 (12):12 – 13.

[47]王恒亮,葛玉红,苏旺苍,等. 不同缓解处理对氟磺胺草醚大豆药害的缓解效果研究[J]. 大豆科学,2013(5):676 – 679.

[48]陈富安. 除草剂对大豆种植的影响因素分析[J]. 科技致富向导,2011 (13):311.

[49]纪长伦,夏伟. 250 g/L氟磺胺草醚水剂防治大豆田一年生阔叶杂草田间药效试验[J]. 安徽农学通报,2012,18(14):97 – 98.

[50]陈申宽,孙巨敏. 小麦茬大豆田化学除草试验[J]. 植保技术与推广,1994, 14(2):30 – 31.

[51]郭江峰,陆贻通,孙锦荷. 氟磺胺草醚在花生和大豆田中的残留动态[J]. 农业环境保护,2000,19(2):82 – 84.

[52]朱聪,开美玲,丁先锋,等. pH对氟磺胺草醚水解的影响[J]. 农业环境科学学报,2007,26:204 – 206.

[53]郭华,朱红梅,杨红. 除草剂草萘胺在土壤中的降解与吸附行为[J]. 环境科学,2008,29(6):1729 – 1736.

[54]陶波,李晓薇,韩玉军. 不同吸附剂对土壤中氟磺胺草醚吸附/解吸的影响[J]. 土壤通报,2010,41:965 – 969.

[55]SOLOMON K R,GIESY J P,LAPOINT T W,et al. Ecological risk assessment

of atrazine in North American surface waters[J]. Environmental Toxicology & Chemistry,2013,32(1):10 – 11.

[56]吕德滋,李洪杰,李香菊,等. 冬小麦对除草剂莠去津反应敏感性及其遗传控制[J]. 华北农学报,2000(3):55 – 60.

[57]陈良燕,林玉锁. 莠去津乙草胺和甲磺隆3种除草剂对青菜危害的生物测试[J]. 农业环境保护,2001(2):111 – 114.

[58]李宏园,马红,陶波. 除草剂阿特拉津的生态风险分析与污染治理[J]. 东北农业大学学报,2006(4):552 – 556.

[59]李清波,黄国宏,王颜红,等. 阿特拉津生态风险及其检测和修复技术研究进展[J]. 应用生态学报,2002(5):625 – 628.

[60]贺小敏,葛洪波,李爱民,等. 固相萃取 – 高效液相色谱法测定水中呋喃丹、甲萘威和阿特拉津[J]. 环境监测管理与技术,2011(4):46 – 48.

[61]ANDERSON K L, WHEELER K A, Wheeler K A,et al. Atrazine mineralization potential in two wetlands [J]. Water Research, 2002, 36 (19): 4785 – 4794.

[62]MECOZZI R,PALMA L D,MERLI C. Experimental in situ chemical peroxidation of atrazine in contaminated soil [J]. Chemosphere, 2006, 62 (9): 1481 – 1489.

[63]MUIR K, RATTANAMONGKOLGUL S, SMALLMAN – RAYNOR M, et al. Breast cancer incidence and its possible spatial association with pesticide application in two counties of England [J]. Public Health, 2004, 118 (7): 513 – 520.

[64]陶庆会,汤鸿霄. 共存污染物对阿特拉津在天然沉积物上吸附的影响[J]. 环境科学学报,2004(4):696 – 701.

[65]RIBEIRO A,RODRIGUEZ – MAROTO J,MATEUS E,et al. Removal of organic contaminants from soils by an electrokinetic process: the case of atrazine. Experimental and modeling[J]. Chemosphere,2005,59(9):1229 – 1239.

[66]REBICH R A,COUPE R H,THURMAN E M. Herbicide concentrations in the Mississippi River Basin—the importance of chloroacetanilide herbicide degradates[J]. Science of The Total Environment,2004,321(1 –3):189 – 199.

[67]FANG H,LIAN J J,WANG H F,et al. Exploring bacterial community structure and function associated with atrazine biodegradation in repeatedly treated soils [J]. Journal of Hazardous Materials,2015,286:457 – 465.

[68]王辰. 黑龙江省农田阿特拉津残留土壤 AM 真菌多样性[D]. 哈尔滨:黑龙江大学,2015.

[69]国内农药调研课题组. 我国农药状况调查[J]. 农药市场信息,2007(14): 13 – 14.

[70]弓爱君,叶常明. 除草剂阿特拉津(Atrazine)的环境行为综述[J]. 环境科学进展,1997(2):37 – 48.

[71]叶新强,鲁岩,张恒. 除草剂阿特拉津的使用与危害[J]. 环境科学与管理, 2006(8):95 – 97.

[72]司友斌,孟雪梅. 除草剂阿特拉津的环境行为及其生态修复研究进展[J]. 安徽农业大学学报,2007(3):451 – 455.

[73]孟顺龙,胡庚东,瞿建宏,等. 阿特拉津在水环境中的残留及其毒理效应研究进展[J]. 环境污染与防治,2009(6):64 – 68,83.

[74]郑东辉. 阿特拉津不同用量对下茬作物的影响[J]. 杂粮作物,2009 (6):412.

[75]HOFFMAN R S,CAPEL P D,LARSON S J. Comparison of pesticides in eight U. S. urban streams[J]. Environmental Toxicology and Chemistry,2000,19 (9):2249 – 2258.

[76]CAPRIEL P,HAISCH A,KHAN S U. Supercritical methanol:an efficacious technique for the extraction of bound pesticide residues from soil and plant samples[J]. Journal of Agricultural & Food Chemistry,1986,34(1):70 – 73.

[77]王军. 莠去津对土壤微生物群落结构及分子多样性的影响[D]. 泰安:山东农业大学,2012.

[78]AULAGMER F,POISSANT L,BRUNET D,et al. Pesticides measured in air and precipitation in the Yamaska Basin (Québec):occurrence and concentrations in 2004 [J]. Science of the Total Environment,2008,394 (2 – 3): 338 – 348.

[79]BUSER R H. Atrazine and other s – triazine herbicides in lakes and in rain in

Switzerland [J]. Environmental Science & Technology, 1990, 24 (7): 1049 - 1058.

[80] CAI Z W, WANG D L, Ma W T. Gas chromatography/ion trap mass spectrometry applied for the analysis of triazine herbicides in environmental waters by an isotope dilution technique [J]. Analytica Chimica Acta, 2004, 503 (2): 263 - 270.

[81] 朱斌,王维中,张立新,等. 宝华山不同演替群落下的土壤微生物状况[J]. 南京林业大学学报,2000(3):61 - 64.

[82] 杨敏娜,周芳,孙成,等. 长江江苏段有毒有机污染物的残留特征及来源分析[J]. 环境化学,2006(3):375 - 376

[83] HAYES T B, COLLINS A C, LEE M. Hermaphroditic, demasculinized frogs after exposure to the herbicide atrazine at low ecologically relevant doses [J]. Proceedings of the National Academy of Sciences of the United States of America,2002,99(8):5476 - 5480.

[84] EL - SHEEKH M M, KOTKAT H M, HAMMOUDA O H. Effect of atrazine herbicide on growth, photosynthesis, protein synthesis, and fatty acid composition in the unicellular green alga *Chlorella kessleri*[J]. Ecotoxicology and Environmental Safety,1994,29:319 - 358.

[85] 万年升,顾续东,段舜山. 阿特拉津生态毒性与生物降解的研究[J]. 环境科学学报,2006,26(4):552 - 560.

[86] 杨梅,林忠胜,姚子伟,等. 三嗪类除草剂莠去津的研究进展[J]. 农药科学与管理,2006(11):31 - 37.

[87] 陈家长,孟顺龙,胡庚东,等. 阿特拉津对雄性鲫鱼血清雌二醇含量的影响[J]. 生态学杂志,2007(7):1068 - 1073.

[88] MANSKE M K, BELTZ L A, DHANWADA K R. Low - level atrazine exposure decreases cell proliferation in human fibroblasts [J]. Arch Environ Contam Toxicol,2004,46(4):438 - 444.

[89] 李一凡,宋晓梅,刘颖. 除草剂阿特拉津的污染与降解[J]. 农业与技术,2012(12):5 - 6.

[90] JARIYAL M, JINDAL V, MANDAL K, et al. Bioremediation of organophospho-

rus pesticide phorate in soil by microbial consortia[J]. Ecotoxicology and Environmental Safety,2018,159:310 – 316.

[91]UNIYAL S,SHARMA R K,KONDAKAL V. New insights into the biodegradation of chlorpyrifos by a novel bacterial consortium:process optimization using general factorial experimental design[J]. Ecotoxicology and Environmental Safety,2021,209(3 – 4):111799 – 111808.

[92]ASWATHI A,PANDEY A,MADHAVAN A,et al. Chlorpyrifos induced proteome remodelling of *Pseudomonas nitroreducens* AR – 3 potentially aid efficient degradation of the pesticide[J]. Environmental Technology and Innovation, 2021,21(1):101307 – 101316.

[93]VISCHETTI C,MONACI E,CASUCCI C,et al. Adsorption and degradation of three pesticides in a vineyard soil and in an organic biomix[J]. Environments, 2020,7(12):113 – 121.

[94]SUN J N,YUAN X,LI Y Q,et al. The pathway of 2,2 – dichlorovinyl dimethyl phosphate(DDVP)degradation by *Trichoderma atroviride* strain T23 and characterization of a paraoxonase – like enzyme[J]. Applied Microbiology and Biotechnology,2019,103(21 – 22):8947 – 8962.

[95]MENG D,ZHANG L Y,MENG J,et al. Evaluation of the strain *Bacillus amyloliquefaciens* YP6 in phoxim degradation via transcriptomic data and product analysis[J]. Molecules,2019,24(21):3997 – 4010.

[96]PAN L L,SUN J T,LI Z H,et al. Organophosphate pesticide in agricultural soils from the Yangtze River Delta of China:concentration,distribution,and risk assessment[J]. Environmental Science and Pollution Research,2018,25(1): 4 – 11.

[97]LI C K,MA Y Z,MI Z H,et al. Screening for *Lactobacillus plantarum* strains that possess organophosphorus pesticide – degrading activity and metabolomic analysis of phorate degradation[J]. Frontiers in Microbiology, 2018, 9: 2048 – 2060.

[98]SANTILLAN J Y,MUZLERA A,MOLINA M,et al. Microbial degradation of organophosphorus pesticides using whole cells and enzyme extracts[J]. Bio-

degradation,2020,31(4 – 6):423 – 433.

［99］CYCOŃ M,MROZIK A,PIOTROWSKA – SEGET Z. Bioaugmentation as a strategy for the remediation of pesticide – polluted soil:a review［J］. Chemosphere,2017,172:52 – 71.

［100］HERNÁNDEZ – RUIZ G M,ÁLVAREZ – OROZCO N A,RÍOS – OSORIO L A. Bioremediation of organophosphates by fungi and bacteria in agricultural soils:a systematic review［J］. Corpoica Cienc Tecnol Agropecuaria,Mosquera (Colombia),2017,18(1):138 – 159.

［101］JI X Y,WANG Q,ZHANG W D,et al. Research advances in organophosphorus pesticide degradation:a review［J］. Fresenius Environmental Bulletin, 2016,25(7):2292 – 2297.

［102］WANG J W,TENG Y G,ZHAI Y Z,et al. Influence of surface – water irrigation on the distribution of organophosphorus pesticides in soil – water systems, Jianghan Plain,central China［J］. Journal of Environmental Management, 2021,281:111874 – 111881.

［103］MWEVURA H,KYLIN H,VOGT T,et al. Dynamics of organochlorine and organophosphate pesticide residues in soil,water,and sediment from the Rufiji River Delta,Tanzania［J］. Regional Studies in Marine Science,2020,41: 101607 – 101615.

［104］RIIKKA R,CHRISTIAN N A. Soil uptake of volatile organic compounds: ubiquitous and underestimated?［J］. Journal of Geophysical Research: Biogeosciences,2020,125(6):5773 – 5777.

［105］章家恩,刘文高,王伟胜. 南亚热带不同植被根际微生物数量与根际土壤养分状况［J］. 土壤与环境,2022,11(3):279 – 282.

［106］徐阳春,沈其荣,冉炜. 长期免耕与施用有机肥对土壤微生物生物量碳、氮、磷的影响［J］. 土壤学报,2002(1):89 – 97.

［107］滕应,黄昌勇,龙健,等. 矿区侵蚀土壤的微生物活性及其群落功能多样性研究［J］. 水土保持学报,2003,17(1):115 – 119.

［108］范瑞英,杨小燕,王恩姮,等. 未干扰黑土土壤微生物群落特征的季节变化［J］. 土壤,2014,46(2):285 – 289.

[109] 王锐萍,刘强,彭少麟,等.鼎湖山森林凋落物和土壤微生物数量分析[J].武夷科学,2006,22:82-87.

[110] 黄志宏,陈步峰,周光益,等.南岭小坑天然次生林生态系统生物量的估算[J].中南林业科技大学学报,2013,33(8):83-90.

2 黑土表层中氟磺胺草醚残留动态及其对土壤微生物群落的影响

除草剂对改善农业生产有很大的贡献,然而,除草剂的使用可能通过直接或间接作用改变土壤中的生物过程。土壤微生物通过推动地球的生物地球化学循环在生态系统中发挥着核心作用。氟磺胺草醚能在土壤中长期残留,对下茬作物产生危害。

中国东北部拥有中国最大的大豆生产区。氟磺胺草醚降解率低,反复施用会导致其在土壤中逐渐积累。氟磺胺草醚的倍量使用对东北地区土壤微生物群落构成了潜在的影响。因此,有必要对施用氟磺胺草醚的土壤中的氟磺胺草醚残留及微生物群落进行深入的研究。

2.1　氟磺胺草醚在土壤中的残留动态

2.1.1　材料与方法

2.1.1.1　材料、试剂与仪器

(1)土壤样品

试验所用土壤样品采自于黑龙江省哈尔滨市呼兰区试验田。试验田种植大豆,并连续两年喷施氟磺胺草醚。喷施期为大豆二叶龄。试验田分为对照区和喷施区,每个区域有 3 个重复。于耕作层采用五点采样法采集土壤,采样深度为 0~20 cm。在采集过程中,清除土壤表面的根、叶和杂草。取回土壤样品后,将土壤样品中肉眼可见的杂物挑出,在室温下阴干,过 60 目筛,搅拌均匀。

(2)主要试剂

试验所用的主要试剂见表 2-1。

表2-1 主要试剂

名称	类别
正己烷	分析纯
丙酮	分析纯
磷酸	分析纯
氟磺胺草醚标准品	化学试剂

（3）主要仪器

试验所用的主要设备仪器见表2-2。

表2-2 主要仪器

名称	型号
高效液相色谱仪	CBM - 102
氮吹仪	HGC - 36A
高速冷冻离心机	CF16RX II
电子天平	AB104 - N
微量移液器	BG - easy PIPET

2.1.1.2 主要溶液的配制

（1）提取液

正己烷与丙酮以1:1的比例混合。

（2）流动相

以甲醇和水3:1的比例制备流动相。用磷酸调节pH值至3.0。使用过滤装置和超声波过滤30 min，可用于在线测定。

（3）氟磺胺草醚标准样的配制

准确称取0.01 g氟磺胺草醚标准品加入10 mL甲醇中，混匀稀释，制备1 000 mg/L标准液。取1 000 mg/L标准液200 μL，梯度稀释成150 mg/L、100 mg/L、50 mg/L、25 mg/L、12.5 mg/L、6.25 mg/L、3.125 mg/L、1.56 mg/L标准液，用于在线测定，并绘制标准曲线。

2.1.1.3 土壤中氟磺胺草醚的提取与检测

采用高效液相色谱法检测氟磺胺草醚在土壤中的残留量。

(1)称取 8 g 土样置于 50 mL 灭菌离心管中。

(2)加入 15 mL 提取液,超声波作用 5 min,4 ℃下 5 000 r/min 离心 5 min。

(3)将上清液置于平底试管中,用氮气吹干。

(4)向沉淀中加入 15 mL 提取液,超声波作用 5 min,4 ℃下 5 000 r/min 离心 5 min。

(5)将上清液置于步骤(3)的平底试管中,用氮气吹干。

(6)重复步骤(4)和(5)两次。

(7)向平底试管中加入 2 mL 甲醇,超声波处理数秒。

(8)以 0.45 μm 孔径无菌滤器过滤至 2 mL 离心管中。

(9)4 ℃保存。

(10)高效液相色谱仪检测。

2.1.1.4 氟磺胺草醚的检测条件

色谱柱:Inertsil ODS – 3C18(4.6 mm × 250 mm × 5 μm)。

柱温:25 ℃。

流动相:甲醇: 水 = 75 : 25。

检测波长:230 nm。

流速:0.8 mL/min。

进样量:10 μL。

2.1.1.5 定性定量方法

根据标准曲线拟合方程 $y = kx + b$(y 代表液相色谱的峰面积,x 代表除草剂标准品的浓度),使用 Excel 中"公式"选项,点击"统计函数:TREND",已知方程中的 y 值,求出 x 值,即将待测样品的峰面积代入方程,求得样品中除草剂的浓度 $c_{样}$。

$$c = (c_{样} \times V)/m$$

式中:c 为土壤样品中氟磺胺草醚的残留量(mg/kg);

$c_{样}$ 为样品中除草剂的浓度($\mu g/mL$)；

V 为注入的样品溶液的最终定容体积(mL)；

m 为样品的质量(g)。

2.1.1.6 线性范围

上机分别测定 1.56 mg/L、3.125 mg/L、6.25 mg/L、12.5 mg/L、25 mg/L 的氟磺胺草醚标准液,在指定条件下,测定峰值,然后以进样样品浓度为横坐标,以进样样品峰面积为纵坐标,建立标准曲线(绘制软件为 Origin7.5),如图 2-1 所示。

线性方程为:

$$y = 77\,365x - 82\,715$$
$$R^2 = 0.996\,6$$

式中:y 为进样样品峰面积;

x 为进样样品浓度。

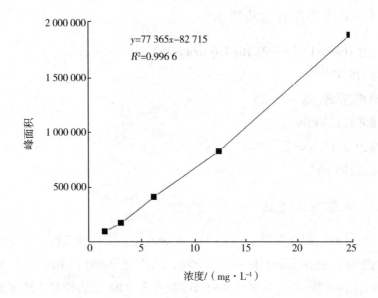

图 2-1　氟磺胺草醚标准曲线

2.1.1.7 回收率试验

为了验证试验方法的可靠性,同时测定了氟磺胺草醚的回收率。分别在8 g 土壤样品中添加氟磺胺草醚标准液,使土壤中的氟磺胺草醚浓度分别为 0.05 mg/kg、0.5 mg/kg 和 5 mg/kg,各浓度设 3 次重复,不含氟磺胺草醚的土壤样品作为空白对照。

2.1.1.8 氟磺胺草醚在土壤中的残留动态研究

采用上述方法对连续两年喷施氟磺胺草醚的土壤样品进行测定。农药降解动力学方程按一级动力学方程描述:

$$c_t = c_0 e^{-kt}$$
$$T_{1/2} = (\ln 2)/k$$

式中:$T_{1/2}$ 为光降解半衰期;

k 为光降解速率常数;

c_0 为氟磺胺草醚的初始浓度;

c_t 为 t 时刻氟磺胺草醚的残留量。

2.1.2 结果与分析

2.1.2.1 氟磺胺草醚的回收率

氟磺胺草醚在土壤中的添加浓度分别为 0.05 mg/kg、0.5 mg/kg 和 5 mg/kg。回收率和相应的变异系数见表 2-3。结果表明,土壤中氟磺胺草醚残留量的测定方法符合农药残留分析的要求。

表 2-3 土壤中氟磺胺草醚的回收率

添加浓度/(mg·kg^{-1})	平均回收率/%	变异系数/%
0.05	92.8	1.75
0.5	85.7	3.86
5	101.9	1.46

2.1.2.2 氟磺胺草醚于土壤中的残留动态研究

第一年氟磺胺草醚在大豆田的残留动态如图 2 - 2 所示。结果表明,在喷施第 1 天,氟磺胺草醚在土壤中的残留量达到最高值,然后随着喷施时间的延长逐渐减少,最终恢复到喷施前的对照区水平。

第二年氟磺胺草醚在大豆田的残留动态如图 2 - 3 所示。在喷施第 1 天,氟磺胺草醚在土壤中的残留量达到最大值,在喷施后 30 天几乎降到喷施前水平。残留降解的变化趋势与第一年相同。

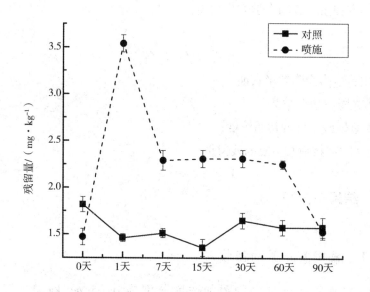

图 2 - 2　氟磺胺草醚在土壤中的残留动态(第一年)

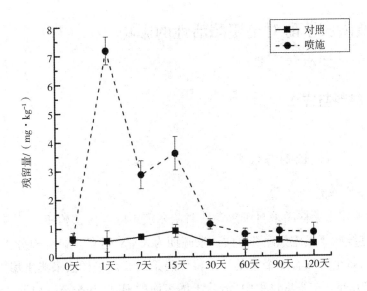

图 2-3 氟磺胺草醚在土壤中的残留动态(第二年)

本书测定了氟磺胺草醚在土壤中连续两年的残留量,并计算了氟磺胺草醚在大豆田中的半衰期。

第一年降解动力学方程为 $c_0 = 3.539\ 5e^{-0.006t}$，$R^2 = 0.668\ 4$，降解符合一级动力学方程；第二年，降解动力学方程为 $c_0 = 7.179\ 1e^{-0.016t}$，$R^2 = 0.663\ 6$，降解符合一级动力学方程。见表 2-4。

表 2-4 土壤中氟磺胺草醚的降解半衰期

时间	半衰期/天
第一年	58.2
第二年	30.8

2.2　氟磺胺草醚对土壤酶活性的影响

2.2.1　材料与方法

2.2.1.1　材料、试剂与仪器

（1）土壤样品

试验所用土壤样品采自于黑龙江省哈尔滨市呼兰区试验田。试验田种植大豆，并连续两年喷施氟磺胺草醚。喷施期为大豆二叶龄。试验田分为对照区和喷施区，每个区域有 3 个重复。于耕作层采用五点采样法采集土壤，采样深度为 0～20 cm。在采集过程中，清除土壤表面的根、叶和杂草。取回土壤样品后，将土壤样品中肉眼可见的杂物挑出，在室温下阴干，过 60 目筛，搅拌均匀，用于土壤酶活性测定。

（2）主要试剂

酶活性测定所用到的主要试剂见表 2－5。

表 2－5　主要试剂

名称	类别
柠檬酸	分析纯
氢氧化钠	分析纯
氢氧化钾	分析纯
苯酚	分析纯
乙醇	分析纯
甲醇	分析纯
丙酮	分析纯
硫酸铵	分析纯
磷酸氢二钠	分析纯
磷酸二氢钾	分析纯

续表

名称	类别
过氧化氢	分析纯
葡萄糖	分析纯
3,5 – 二硝基水杨酸(DNS)	分析纯
酒石酸钾钠	分析纯
无水乙酸钠	分析纯
乙酸	分析纯
硼砂	分析纯
硼酸	分析纯
次氯酸钠	分析纯
尿素	分析纯
甲苯	分析纯
硫酸	分析纯
铁氰化钾	分析纯
磷酸苯二钠	分析纯

(3)主要仪器

试验所用主要仪器见表2-6。

表2-6 主要仪器

名称	型号
电热恒温培养箱	DNP – 9162
紫外可见分光光度计	TU – 1810
空气浴振荡器	HZQ – C
电子天平	AB104 – N
微量移液器	BG – easy PIPET
电热恒温鼓风干燥箱	DHG – 9140
电热恒温水浴锅	HH – S11
振荡混合机	VORTEX – 5

2.2.1.2 主要溶液的配制

（1）氮工作液

准确称取硫酸铵 0.471 7 g，溶于蒸馏水中，稀释至 1 L，得氮标准液。从氮标准液中吸取 10 mL，蒸馏水定容至 100 mL，制备浓度为 0.01 mg/mL 的氮工作液。

（2）10% 尿素溶液

称取尿素 10 g，用蒸馏水定容至 100 mL。

（3）苯酚钠溶液（1.35 mol/L）

将 62.5 g 苯酚溶解于少量乙醇中，加入 2 mL 甲醇和 18.5 mL 丙酮，用乙醇稀释至 100 mL，作为溶液 A；27 g 氢氧化钠溶解于 100 mL 蒸馏水中，作为溶液 B。将溶液 A 和溶液 B 储存在 4 ℃ 冰箱中。使用前，分别取 20 mL 溶液 A 和溶液 B 混合，用蒸馏水稀释至 100 mL 备用。

（4）次氯酸钠溶液

用蒸馏水稀释至活性氯浓度为 0.9%，溶液稳定。

（5）葡萄糖标准液（1 mg/mL）

将葡萄糖预先置于 80 ℃ 烘箱中，干燥约 12 h。准确称取 0.05 g 葡萄糖，用蒸馏水溶解后移入 50 mL 容量瓶中，定容，4 ℃ 保存。

（6）DNS 试剂（3,5-二硝基水杨酸试剂）

将 18.2 g 酒石酸钾钠溶于 50 mL 蒸馏水中，加热，加入 0.03 g 3,5-二硝基水杨酸、2.1 g 氢氧化钠和 0.5 g 苯酚，搅拌至溶解，冷却，用蒸馏水定容至 100 mL，将其于棕色瓶中室温储存。

（7）磷酸缓冲液（pH=5.5）

1/15 mol/L 磷酸氢二钠（11.876 g 磷酸氢二钠溶于 1 L 蒸馏水中）为溶液 A，1/15 mol/L 磷酸二氢钾（9.078 g 磷酸二氢钾溶于 1 L 蒸馏水中）为溶液 B，取 0.5 mL 溶液 A 和 9.5 mL 溶液 B 混合而成。

（8）柠檬酸盐缓冲液（pH=6.7）

将 184 g 柠檬酸和 147.5 g 氢氧化钾分别溶解于蒸馏水中。将两种溶液混合，用 1 mol/L 氢氧化钠调节 pH=6.7，用水稀释至 1 L 备用。

(9)乙酸缓冲液(pH=5.0)

将16.4 g无水乙酸钠溶解于1 L蒸馏水中,制备0.2 mol/L乙酸钠溶液,即溶液A;将11.55 mL乙酸稀释至1 L,制备0.2 mol/L乙酸溶液,即溶液B。将溶液A和溶液B按7:3的比例混合,即pH值为5.0的乙酸缓冲液。

(10)硼酸盐缓冲液(pH=9.0)

将19.07 g硼砂溶解于1 L蒸馏水中,即0.05 mol/L硼砂溶液,即溶液A;将12.37 g硼酸溶解在1 L蒸馏水中,作为溶液B。将溶液A和溶液B按4:1的比例混合,为pH=9.0的硼酸缓冲液。

(11)磷酸苯二钠溶液

称取6.75 g磷酸苯二钠溶于水,定容至1 L。

2.2.1.3　土壤脲酶活性的测定

土壤脲酶测定采用尿素水解法。在测量样品的OD值之前,分别取1 mL、3 mL、5 mL、7 mL、9 mL和11 mL氮工作液,移入50 mL容量瓶中,补加蒸馏水至20 mL,然后添加4 mL苯酚钠溶液和3 mL次氯酸钠溶液,边添加边摇匀。20 min后显色,以蒸馏水定容。1 h内578 nm波长处测定OD值。然后以氮工作液体积为横坐标,以OD_{578}值为纵坐标,绘制标准曲线(绘制软件为Microsoft Excel 2007),如图2-4所示。线性方程为$y=0.050\ 7x+0.021\ 9$,$R^2=0.992\ 1$。

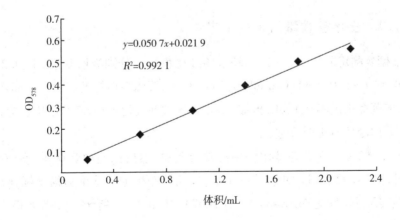

图2-4　氮工作液的标准曲线

称取土壤样品 4 g,置于 50 mL 三角瓶中,加入 1 mL 甲苯,混匀,放置 15 min,加入 10 mL 10% 尿素溶液和 20 mL pH = 6.7 的柠檬酸盐缓冲液,摇匀,在 37 ℃ 培养箱中培养 12 h。培养后,充分混合并过滤。过滤后取 1 mL 滤液,加入 50 mL 容量瓶中,再加入 4 mL 苯酚钠溶液和 3 mL 次氯酸钠溶液,加入时摇匀。20 min 后显色,以蒸馏水定容。1 h 内 578 nm 波长处测定 OD 值。

为了消除土壤样品中原始氨对试验结果的影响,每个土壤样品需要设置无基质对照,试验操作步骤与土壤样品试验相同。设置一个无土对照,无须添加土壤样品,其他操作与土壤样品试验相同,用于测试试剂纯度和基质自分解。如果土壤样品的 OD 值超过标准曲线的最大值,则应增加分取倍数或减少土壤样品质量。

结果计算:土壤中的脲酶活性应在 12 h 后以 1 g 土壤样品中硫酸铵的质量(mg)表示。

$$脲酶活性 = (m_{样品} - m_{无土} - m_{无基质}) \times V \times n/m$$

式中:$m_{样品}$ 为根据土壤样品的 OD_{578} 及标准曲线求得的相应硫酸铵的质量;

$m_{无土}$ 为根据无土对照的 OD_{578} 及标准曲线求得的相应硫酸铵的质量;

$m_{无基质}$ 为根据无基质对照的 OD_{578} 及标准曲线求得的相应硫酸铵的质量;

V 为显色液体积;

n 为分取倍数,即浸出液体积比吸取滤液体积;

m 为烘干土壤样品质量。

2.2.1.4 土壤蔗糖酶活性的测定

蔗糖酶测定采用 3,5 - 二硝基水杨酸比色法。分别吸取 0.1 mL、0.2 mL、0.3 mL、0.4 mL、0.5 mL、0.6 mL、0.7 mL、0.8 mL 葡萄糖标准液(1 mg/mL)于试管内,加蒸馏水定容至 1 mL,再加 3 mL DNS 试剂混匀,放入沸水浴中反应 5 min(从试管内液体煮沸时算起)。

取出试管后,立即在冷水浴中冷却至室温,然后用空白管调零,在 508 nm 波长处测定 OD 值。以 OD_{508} 为纵坐标,以葡萄糖标准液浓度为横坐标,绘制标准曲线(绘制软件为 Microsoft Excel 2007),如图 2 - 5 所示。线性方程为 $y = 3.365\ 5x - 0.247\ 7$,$R^2 = 0.995\ 1$。

称取土壤样品 2 g 于 50 mL 三角瓶中,注入 8% 蔗糖溶液(作为基质溶液)

15 mL 磷酸缓冲液(pH = 5.5)5 mL、甲苯 0.25 mL。充分混合后,将其置于培养箱中,在 37 ℃下培养 24 h。取出后,将其充分混合并迅速过滤。取 1 mL 滤液,置于 50 mL 三角瓶中,加入 3 mL DNS 试剂,在沸水浴中加热 5 min,然后立即于自来水流下冷却至室温。由于 3 - 氨基 - 5 - 硝基水杨酸的形成,溶液呈橙黄色。最后,将溶液转移至 50 mL 容量瓶中,并将体积固定至 50 mL,然后在 508 nm 波长处测量 OD 值。结果处理软件为 Origin7.5 和 SPSS20.0。

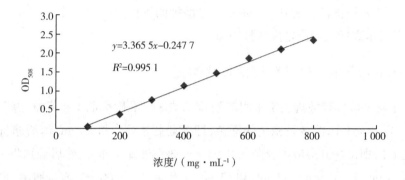

图 2-5　葡萄糖标准液的标准曲线

每个样品需设置无基质对照,以消除土壤中原有的蔗糖、葡萄糖引起的误差。整个试验需设置一个无土对照。如果样品的 OD 值超过了标准曲线的最大值,则应该适当增加分取倍数,或者是减少土壤样品质量。

结果计算:蔗糖酶活性以 24 h 后 1 g 土壤样品中生成的葡萄糖质量(mg)表示。

$$蔗糖酶活性 = (m_{样品} - m_{无土} - m_{无基质}) \times n/m$$

式中:$m_{样品}$为根据土壤样品的 OD_{508} 及标准曲线求得的相应葡萄糖质量;

$m_{无土}$为根据无土对照的 OD_{508} 及标准曲线求得的相应葡萄糖质量;

$m_{无基质}$为根据无基质对照的 OD_{508} 及标准曲线求得的相应葡萄糖质量;

n 为分取倍数;

m 表示烘干土壤样品的质量。

2.2.1.5　土壤过氧化氢酶活性的测定

过氧化氢酶采用高锰酸钾滴定法测定。取烘干土壤样品 2 g 于 100 mL 三角瓶中,加入 40 mL 蒸馏水和 5 mL 0.3% 过氧化氢溶液,充分振摇 20 min,加入 5 mL 5 mol/L 硫酸,然后用慢滤纸过滤,吸取滤液 25 mL,用 0.1 mol/L 高锰酸钾滴定至浅粉红色,20 s 内颜色稳定。结果处理软件为 Origin7.5 和 SPSS20.0。计算结果表明:过氧化氢酶活性以 1 g 土壤在 20 min 后消耗的 0.1 mol/L 高锰酸钾的体积(mL)表示。

$$过氧化氢酶活性 = (V_A - V_B) \times T$$

式中:V_A 表示空白消耗的 0.1 mol/L 高锰酸钾的体积;

V_B 表示滤液消耗的 0.1 mol/L 高锰酸钾的体积;

T 表示高锰酸钾滴定度的校正值。

2.2.1.6　土壤酸性磷酸酶活性的测定

土壤中酸性磷酸酶测定采用磷酸苯二钠法。准确称取 1 g 苯酚,溶于蒸馏水中,定容至 1 L,溶液呈稳定的深色,即苯酚储备液。将 50 mL 苯酚储备液稀释至 1 L,即每毫升溶液中含苯酚 0.05 mg,该溶液即工作液,然后分别将 1 mL、3 mL、5 mL、7 mL、9 mL、11 mL 和 13 mL 工作液注入 100 mL 容量瓶中,显色定容。颜色稳定后,在 570 nm 处测定 OD 值,绘制标准曲线(绘图软件为Microsoft Excel 2007),如图 2 - 6 所示。线性方程为:$y = 0.066\,0x + 0.045\,6$,$R^2 = 0.995\,7$。

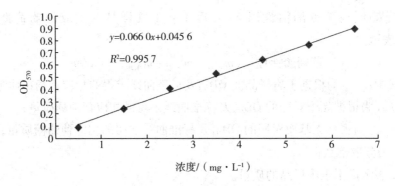

图 2 - 6　苯酚工作液的标准曲线

取 4 g 土壤样品于 50 mL 容量瓶中,用 0.25 mL 甲苯处理,充分混匀。

15 min后,加入5 mL磷酸苯二钠溶液和5 mL pH = 5.0的乙酸缓冲液,仔细混合后,置于37 ℃恒温培养箱中,12 h后取出并用蒸馏水定容至50 mL。随后摇匀过滤,从中取1 mL滤液于50 mL容量瓶之中,加入2.5 mL硼酸盐缓冲液和1.5 mL 2.5%铁氰化钾溶液,再加入1.5 mL 0.5% 4 - 氨基安替吡啉溶液,充分混匀,溶液呈现粉红色,然后加蒸馏水定容。待颜色褪到稳定(20 ~ 30 min),在570 nm波长处测定OD值,结果处理软件为Origin7.5和SPSS20.0。

为了消除土壤中的酚对结果的影响,每个样品需设置无基质对照,用5 mL蒸馏水代替基质,其他操作与土壤样品相同,整个试验设置无土对照。

结果计算:酸性磷酸酶活性以12 h后1 g土壤中释放出的酚的质量(mg)表示。

$$酸性磷酸酶活性 = (m_{样品} - m_{无土} - m_{无基质}) \times V \times n/m$$

式中:$m_{样品}$为根据土壤样品的OD_{570}及标准曲线求得的相应酚质量;

$m_{无土}$为根据无土对照的OD_{570}及标准曲线求得的相应酚质量;

$m_{无基质}$为根据无基质对照的OD_{570}及标准曲线求得的相应酚质量;

V为显色液体积;

n为分取倍数,即浸出液体积比吸取滤液体积;

m表示烘干土壤样品质量。

2.2.2 结果与分析

2.2.2.1 氟磺胺草醚对土壤脲酶活性的影响

脲酶作为土壤中的主要酶之一,与土壤氮素循环密切相关。脲酶是唯一对尿素在土壤中的转化有显著影响的酶。它水解尿素,然后生成氨,氨是植物氮元素的来源之一。因此,脲酶的活性直接影响土壤中尿素的利用率。

在土壤中施用氟磺胺草醚的第一年,氟磺胺草醚对土壤脲酶活性的影响如图2 - 7所示。该图显示了对照区和喷施区在第0天、第1天、第7天、第15天、第30天、第60天和第90天时的脲酶活性。结果表明,当喷施区土壤中氟磺胺草醚残留浓度为3.5 mg/kg时,与对照区相比,脲酶活性显著降低35%,差异极显著。喷施后第60天土壤中氟磺胺草醚残留为2.25 mg/kg时,脲酶活性较对照区提高 10%, 差异极显著。然后, 当土壤中氟磺胺草醚残留量降至 1.48 mg/kg时, 脲酶活性恢复到对照区水平。

喷施氟磺胺草醚后的第二年, 氟磺胺草醚对土壤脲酶活性的影响如图 2-8 所示。该图显示了对照区和喷施区在第 0 天、第 1 天、第 7 天、第 15 天、第 30 天、第 60 天、第 90 天和第 120 天的脲酶活性。第 1 天时氟磺胺草醚在土壤中的残留量为 7.1 mg/kg, 喷施后第 30 天时残留量为 1.15 mg/kg, 脲酶活性比对照区高 6%, 差异极显著。第二年脲酶活性的变化趋势与第一年相同: 在氟磺胺草醚高残留量下受到抑制, 在氟磺胺草醚低残留量下受到刺激。

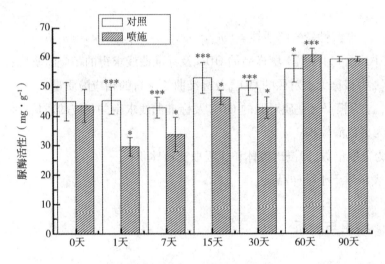

图 2-7　氟磺胺草醚对土壤脲酶活性的影响(第一年)

注: * * * 表示不同处理在 $p < 0.001$ 时差异显著, * * 表示不同处理在 $p < 0.01$ 时差异显著, * 表示不同处理在 $p < 0.05$ 时差异显著。

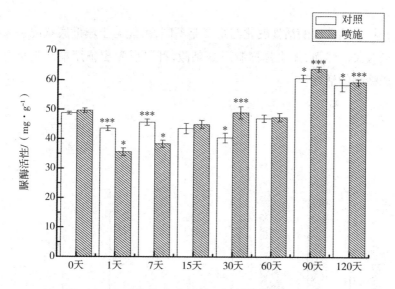

图2-8　氟磺胺草醚对土壤脲酶活性的影响(第二年)

注:＊＊＊表示不同处理在 $p < 0.001$ 时差异显著, ＊＊表示不同处理在 $p < 0.01$ 时差异显著, ＊表示不同处理在 $p < 0.05$ 时差异显著。

2.2.2.2　氟磺胺草醚对土壤蔗糖酶活性的影响

土壤中的蔗糖酶是一种转化酶,可以将植物和微生物不能直接吸收和利用的蔗糖转化为葡萄糖和果糖。葡萄糖作为营养源,直接参与土壤中的物质循环和能量代谢。土壤中蔗糖酶的活性无疑是评价土壤肥力的重要指标,可以反映土壤肥力的水平和成熟度。

第一年氟磺胺草醚对土壤蔗糖酶活性的影响如图2-9所示。该图显示了对照区和喷施区在第0天、第1天、第7天、第15天、第30天、第60天和第90天时脲酶活性变化。结果表明,在喷施第1天,当土壤中氟磺胺草醚的残留量为3.5 mg/kg 时,土壤蔗糖酶活性没有显著变化。随着时间的推移,当土壤中氟磺胺草醚残留量降至42%时,土壤蔗糖酶活性较对照区显著降低75%。

图2-10为喷施氟磺胺草醚第二年时土壤蔗糖酶活性变化。当氟磺胺草醚残留量为7.1 mg/kg 时,蔗糖酶活性较对照区降低83%,差异非常显著。当氟磺胺草醚残留量降至16%时,蔗糖酶活性较对照区提高2.4倍。蔗糖酶活性表现出在氟磺胺草醚高残留量下受到抑制,在氟磺胺草醚低残留量下受到刺激

的趋势。

第一年土壤蔗糖酶活性变化与第二年不同,可能与土壤健康状况和微生物群落不同有关。然而,无论是抑制还是刺激,都可以看出施用氟磺胺草醚会影响土壤蔗糖酶的活性。

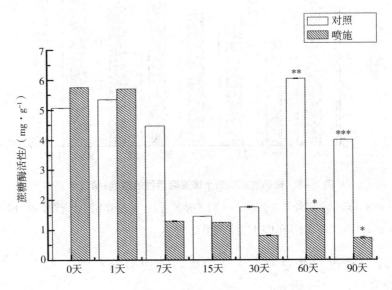

图 2 – 9　氟磺胺草醚对土壤蔗糖酶活性的影响(第一年)

注:＊＊＊表示不同处理在 $p < 0.001$ 时差异显著,＊＊表示不同处理在 $p < 0.01$ 时差异显著,＊表示不同处理在 $p < 0.05$ 时差异显著。

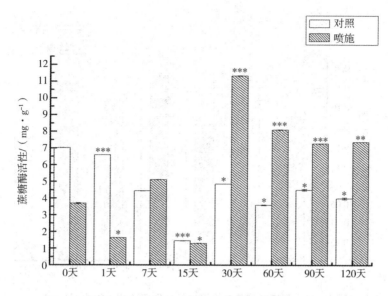

图 2 - 10　氟磺胺草醚对土壤蔗糖酶活性的影响(第二年)

注:＊＊＊表示不同处理在 $p < 0.001$ 时差异显著,＊＊表示不同处理在 $p < 0.01$ 时差异显著,＊表示不同处理在 $p < 0.05$ 时差异显著。

2.2.2.3　氟磺胺草醚对土壤过氧化氢酶活性的影响

过氧化氢酶是土壤生态环境中表征污染物降解程度的一种酶。过氧化氢酶还参与生物体代谢过程,可作用于对生物体有害的过氧化氢。因此,过氧化氢酶活性可以用来反映土壤中微生物的活性,同时,它还可用于表征外部因素对土壤的影响。

喷施氟磺胺草醚第一年大豆田土壤过氧化氢酶活性如图 2 - 11 所示。该图显示了对照区和喷施区过氧化物酶活性在第 0 天、第 1 天、第 7 天、第 15 天、第 30 天、第 60 天和第 90 天的变化。喷施第 1 天,氟磺胺草醚残留量为 3.5 mg/kg,过氧化氢酶活性无明显变化。随着氟磺胺草醚残留量降低,过氧化氢酶活性与对照区相比没有显著变化。

在喷施氟磺胺草醚第二年土壤过氧化氢酶活性如图 2 - 12 所示。喷施区过氧化氢酶活性与对照区过氧化氢酶活性无明显不同。

从结果可以推断,过氧化氢酶对氟磺胺草醚不敏感,可能是因为氟磺胺草醚的残留量没有达到影响土壤中过氧化氢酶活性的程度。

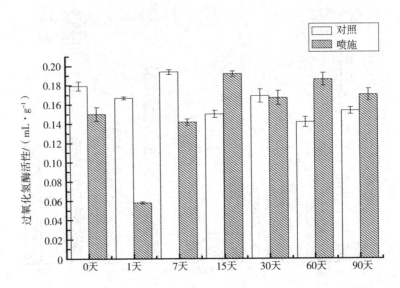

图 2 - 11　氟磺胺草醚对土壤过氧化氢酶活性的影响(第一年)

注:＊＊＊表示不同处理在 $p < 0.001$ 时差异显著,＊＊表示不同处理在 $p < 0.01$ 时差异显著,＊表示不同处理在 $p < 0.05$ 时差异显著。

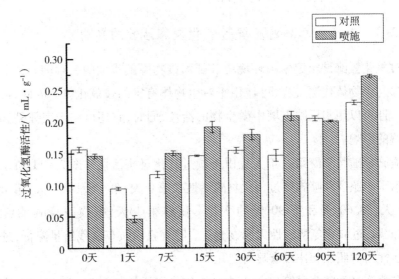

图 2 - 12　氟磺胺草醚对土壤过氧化氢酶活性的影响(第二年)

注:＊＊＊表示不同处理在 $p < 0.001$ 时差异显著,＊＊表示不同处理在 $p < 0.01$ 时差异显著,＊表示不同处理在 $p < 0.05$ 时差异显著。

2.2.2.4　氟磺胺草醚对土壤酸性磷酸酶活性的影响

土壤磷酸酶是一种非常重要的水解酶,在物质循环中参与磷的转化和代谢。只有在磷酸酶的作用下,土壤中的有机磷才能转化为可供植物利用的形态。因此,磷酸酶的活性在很大程度上反映了土壤中的有效磷含量,然后,通过评价土壤的生化变化程度来检测外界因素的影响。

土壤 pH 值不同,土壤磷酸酶的活性和稳定性也会不同。本章土壤样品 pH 值为 5.6,因此选择测定酸性磷酸酶活性。

喷施氟磺胺草醚第一年,大豆田土壤酸性磷酸酶活性的变化如图 2-13 所示。结果表明,在喷施的第 1 天,当氟磺胺草醚在土壤中的残留量为 3.5 mg/kg 时,酸性磷酸酶活性没有显著变化。喷施前喷施区土壤酸性磷酸酶活性约为对照区的 80% 。喷施氟磺胺草醚第 1 天,喷施区土壤酸性磷酸酶活性超过对照区的水平,这表明氟磺胺草醚刺激了土壤酸性磷酸酶活性。当氟磺胺草醚残留量为 2.25 mk/kg 时,土壤酸性磷酸酶活性较对照区提高 27% ,差异极显著。

在喷施的第二年,氟磺胺草醚对土壤酸性磷酸酶的影响结果如图 2-14 所示。在喷施第 1 天,氟磺胺草醚的残留量为 7.1 mg/kg 时,土壤酸性磷酸酶的活性比对照区显著降低 47% 。在喷施第 7 天,土壤中氟磺胺草醚残留量为 2.5 mg/kg时,土壤酸性磷酸酶活性较对照区提高 16% ,差异极显著。

第一年和第二年的试验结果表明:土壤酸性磷酸酶活性在氟磺胺草醚残留量低于 2.5 mg/kg 时受刺激,在氟磺胺草醚残留量为 7.1 mg/kg 时受明显抑制。

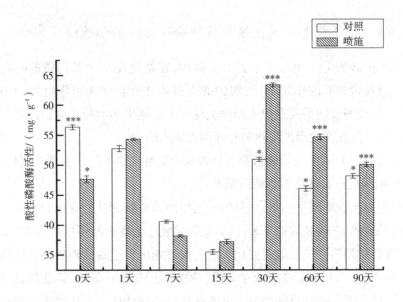

图 2 - 13　氟磺胺草醚对土壤酸性磷酸酶活性的影响(第一年)

注:* * *表示不同处理在 $p < 0.001$ 时差异显著,* *表示不同处理在 $p < 0.01$ 时差异显著,*表示不同处理在 $p < 0.05$ 时差异显著。

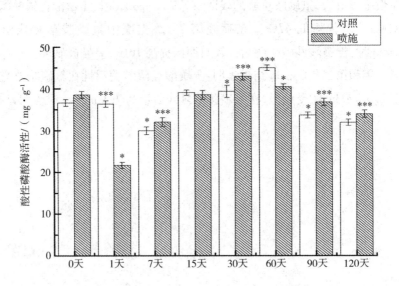

图 2 - 14　氟磺胺草醚对土壤酸性磷酸酶活性的影响(第二年)

注:* * *表示不同处理在 $p < 0.001$ 时差异显著,* *表示不同处理在 $p < 0.01$ 时差异显著,*表示不同处理在 $p < 0.05$ 时差异显著。

2.3　氟磺胺草醚对土壤可培养微生物数量的影响

2.3.1　材料与方法

2.3.1.1　材料、试剂与仪器

（1）土壤样品

试验所用土壤样品采自于黑龙江省哈尔滨市呼兰区试验田。试验田种植大豆，并连续两年喷施氟磺胺草醚。喷施期为大豆二叶龄。试验田分为对照区和喷施区，每个区域有 3 个重复。于耕作层采用五点采样法采集土壤，采样深度为 0～20 cm。在采集过程中，清除土壤表面的根、叶和杂草。取回土壤样品后，将土壤样品中肉眼可见的杂物挑出，在室温下阴干，过 60 目筛，搅拌均匀。收集的新鲜土壤用于确定土壤中可培养微生物的数量。

（2）主要试剂

土壤可培养微生物的测定所用到的主要试剂见表 2 - 7。

表 2 - 7　主要试剂

名称	类别
牛肉膏	生化试剂
蛋白胨	生化试剂
琼脂	生化试剂
磷酸二氢钾	分析纯
硫酸镁	分析纯
葡萄糖	分析纯
孟加拉红水溶液	生化试剂
链霉素	生化试剂
磷酸氢二钾	分析纯
硝酸钾	分析纯
氯化钠	分析纯

续表

名称	类别
硫酸亚铁	分析纯
淀粉	生化试剂

（3）主要仪器

试验中所涉及的主要仪器见表 2 - 8。

表 2 - 8　主要仪器

名称	型号
电热恒温培养箱	DNP - 9162
立式压力蒸汽灭菌器	YXQ - LS - 75SII
空气浴振荡器	HZQ - C
电子天平	AB104 - N
微量移液器	BG - easy PIPET
电热恒温鼓风干燥箱	DHG - 9140
超净工作台	DL - CJ - 2N
振荡混合机	VORTEX - 5

2.3.1.2　培养基的配制

（1）细菌培养基（牛肉膏蛋白胨培养基）

牛肉膏 3 g,蛋白胨 5 g,琼脂 18 g,蒸馏水 1 000 mL,pH = 7.0 ~ 7.2。

（2）真菌培养基（马丁氏培养基）

磷酸二氢钾 1 g,硫酸镁 0.5 g,蛋白胨 5 g,葡萄糖 10 g,琼脂 18 g,蒸馏水 1 000 mL。此培养基 1 000 mL 加 1% 孟加拉红水溶液 3.3 mL,在临用前每 100 mL 培养基中加入 1% 链霉素 0.3 mL。

（3）放线菌培养基（高氏 1 号培养基）

磷酸氢二钾 0.5 g,硫酸镁 0.5 g,氯化钠 0.5 g,硝酸钾 1 g,硫酸亚铁 0.01 g,淀粉 20 g,琼脂 18 g,蒸馏水 1 000 mL,pH = 7.2 ~ 7.4。

2.3.1.3　土壤可培养微生物计数方法

将灭菌培养基冷却至 50 ℃左右,倒入预先灭菌干燥的平板中,凝固后编号,倒置于灭菌超净工作台中过夜使用。采用稀释培养法测定土壤可培养微生物的数量。

取 10 g 经筛选的土壤样品,置于装有 90 mL 消毒水的三角瓶中,在空气浴振荡器上 200 r/min 摇动 10 min,充分混合,静置约 5 min。上清液为 10^{-1} 土壤稀释液,然后取 1 mL 加入装有 9 mL 灭菌水的试管中,在旋涡震荡器上震动数秒,搅拌均匀,为 10^{-2} 土壤稀释液。按此方法依次稀释,直至稀释至 10^{-5} 土壤稀释液。

用微量移液器将 100 μL 稀释液(细菌的稀释梯度为 $10^{-3} \sim 10^{-5}$,真菌的稀释梯度为 $10^{-2} \sim 10^{-3}$,放线菌的稀释梯度为 $10^{-3} \sim 10^{-4}$)移到具有相应编号的平板上,然后立即用无菌涂布棒均匀地涂布在平板上,并以相同的梯度每个样品重复 3 次。将平板水平放置 10 min,置于 30 ℃中培养,细菌培养 36 h,真菌培养 2 天,放线菌培养 5 天。取出后,选择菌落数在 30 ~ 300 个之间的平板进行计数,计算每毫升土壤悬浮液中所含的菌落数,然后计算平均菌落数。

每毫升土壤悬浮液中的菌落数(CFU/mL) = 同一稀释梯度的平板菌落数 × 稀释倍数/重复次数

2.3.2　结果与分析

2.3.2.1　氟磺胺草醚对土壤细菌数量的影响

细菌在土壤微生物中所占比例最大,且大多数为对农田有益的异养细菌。它们在土壤生态系统的物质流动和能量传递中起着重要作用。因此,当土壤受到外界因素刺激时,土壤细菌数量的变化可以用来表征土壤的健康状况。

喷施氟磺胺草醚第一年土壤中细菌数量如图 2 - 15 所示。图中显示了对照区和喷施区第 0 天、第 1 天、第 7 天、第 15 天、第 30 天、第 60 天和第 90 天的细菌数量。结果表明,喷施第 1 天氟磺胺草醚残留量为 3.5 mg/kg 时,土壤中的细菌数量是对照区的 2.2 倍,差异非常显著。当土壤中氟磺胺草醚残留量为

2.25 mg/kg 时,喷施区细菌数量比对照区多40%。当氟磺胺草醚残留量降至42%时,细菌数量仍显著多于喷施区。

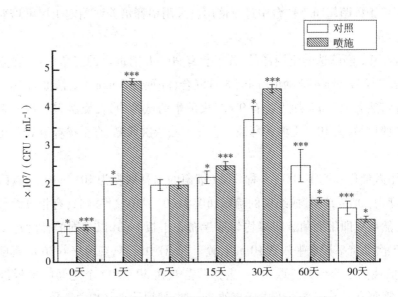

图 2 – 15   氟磺胺草醚对土壤细菌数量的影响(第一年)

注:＊＊＊表示不同处理在 $p < 0.001$ 时差异显著,＊＊表示不同处理在 $p < 0.01$ 时差异显著,＊表示不同处理在 $p < 0.05$ 时差异显著。

在喷施的第二年(如图 2 –16 所示),氟磺胺草醚对土壤细菌数量的影响与第一年略有不同。喷施第 1 天,当氟磺胺草醚残留量为 7.1 mg/kg 时,喷施区的细菌数量比对照区少47%,当残留量为 2.5 mg/kg 时,与对照区相比,细菌数量多33%,在氟磺胺草醚残留量降低至 12%时仍表现出刺激。

从第一年和第二年的试验结果可以看出,当氟磺胺草醚残留量低于2.5 mg/kg时,氟磺胺草醚对细菌有明显的刺激作用,但当氟磺胺草醚残留量为7.1 mg/kg 时,氟磺胺草醚有明显的抑制作用。这与酸性磷酸酶的试验结果一致。可以推断,土壤中酸性磷酸酶的变化与细菌数量的变化密切相关。

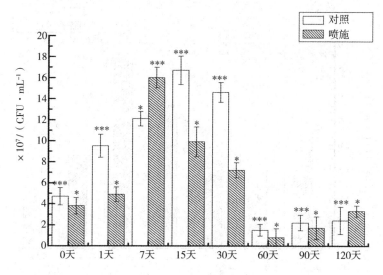

图 2 - 16　氟磺胺草醚对土壤细菌数量的影响(第二年)

注：＊＊＊表示不同处理在 $p < 0.001$ 时差异显著，＊＊表示不同处理在 $p < 0.01$ 时差异显著，＊表示不同处理在 $p < 0.05$ 时差异显著。

2.3.2.2　氟磺胺草醚对土壤真菌数量的影响

真菌种类繁多，它们在植物生长和有机物分解利用中起着重要作用。因此，它们通常用于表征土壤的健康状况。

施用氟磺胺草醚第一年，大豆田真菌数量的变化如图 2 - 17 所示。喷施第 1 天，当氟磺胺草醚残留为 3.5 mg/kg 时，喷施区真菌数量少于对照区 40%。第 15 天，喷施区真菌数量多于对照区 11%。喷施 60 天时，土壤真菌数量呈显著减少趋势，喷施区少于对照区。

施用氟磺胺草醚第二年，大豆田真菌数量的变化如图 2 - 18 所示。喷施第 1 天，当氟磺胺草醚残留量为 7.1 mg/kg 时，喷施区真菌数量与对照区相比少 12%。在喷施第 15 天，喷施区真菌数量比对照区多 32%，但在喷施第 60 天也显著减少，与对照区相比，喷施区先减少 13%，随后呈增长趋势。

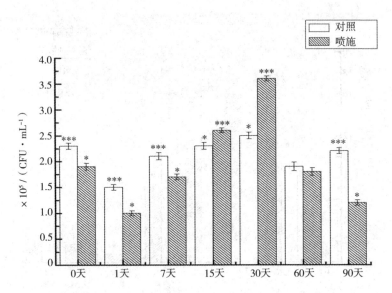

图 2 - 17 氟磺胺草醚对土壤真菌数量的影响(第一年)

注: * * * 表示不同处理在 $p < 0.001$ 时差异显著, * * 表示不同处理在 $p < 0.01$ 时差异显著, * 表示不同处理在 $p < 0.05$ 时差异显著。

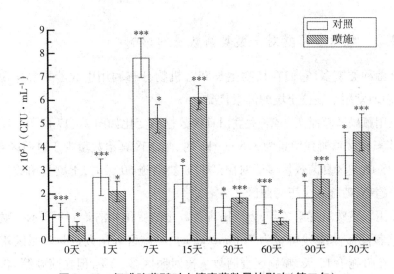

图 2 - 18 氟磺胺草醚对土壤真菌数量的影响(第二年)

注: * * * 表示不同处理在 $p < 0.001$ 时差异显著, * * 表示不同处理在 $p < 0.01$ 时差异显著, * 表示不同处理在 $p < 0.05$ 时差异显著。

从第一年和第二年的试验结果可知,氟磺胺草醚残留量高时,真菌数量显著减少,而在残留量低时,真菌数量增加。

2.3.2.3 氟磺胺草醚对土壤放线菌数量的影响

土壤中放线菌的数量没有细菌和真菌多,但放线菌分布广泛,它在物质转化、能量传递和为细胞提供营养方面起着重要作用。

在施用氟磺胺草醚的第一年,大豆田土壤放线菌数量的变化如图 2-19 所示。结果表明,喷施第 1 天,当氟磺胺草醚在土壤中的残留量为 3.5 mg/kg 时,喷施区土壤放线菌数量较对照区多 20%。然后,随着时间的推移,当氟磺胺草醚残留量降至 1.48 mg/kg 时,喷施区放线菌数量比对照区少 60%,差异非常显著。

在喷施的第二年,大豆田土壤放线菌数量的变化如图 2-20 所示。喷施第 1 天,当土壤中的残留量为 7.1 mg/kg 时,喷施区放线菌数量比对照区少 32%。喷施第 7 天,土壤中氟磺胺草醚残留量为 2.5 mg/kg 时,喷施区放线菌数量较对照区多 38%。当氟磺胺草醚残留量为 0.87 mg/kg 时,喷施区放线菌数量多 8%。

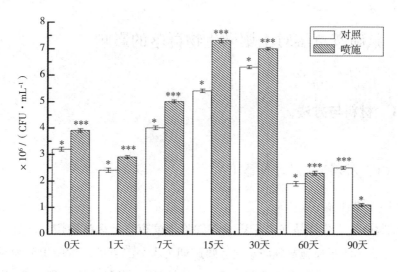

图 2-19 氟磺胺草醚对土壤放线菌数量的影响(第一年)

注:* * *表示不同处理在 $p < 0.001$ 时差异显著,* *表示不同处理在 $p < 0.01$ 时差异显著,*表示不同处理在 $p < 0.05$ 时差异显著。

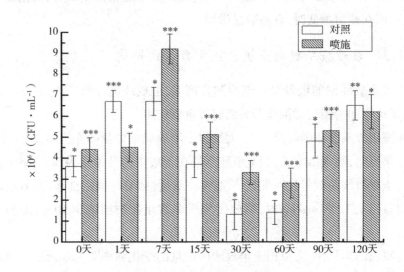

图 2 - 20　氟磺胺草醚对土壤放线菌数量的影响(第二年)

注:＊＊＊表示不同处理在 $p < 0.001$ 时差异显著,＊＊表示不同处理在 $p < 0.01$ 时差异显著,＊表示不同处理在 $p < 0.05$ 时差异显著。

2.4　氟磺胺草醚对土壤微生物群落的影响

2.4.1　材料与方法

2.4.1.1　材料、试剂与仪器

（1）土壤样品

试验所用土壤样品采自于黑龙江省哈尔滨市呼兰区试验田。试验田种植大豆,并连续两年喷施氟磺胺草醚。喷施期为大豆二叶龄。试验田分为对照区和喷施区,每个区域有 3 个重复。于耕作层采用五点采样法采集土壤,采样深度为 0~20 cm。在采集过程中,清除土壤表面的根、叶和杂草。取回土壤样品后,将土壤样品中肉眼可见的杂物挑出,在室温下阴干,过 60 目筛,搅拌均匀。

采集后的土壤样品过100目筛,筛除杂草后,于真空冷冻干燥机冻干,置于 -20 ℃保存,用于磷脂脂肪酸检测。

（2）主要试剂

试验所用到的主要试剂见表2-9。

表2-9　主要试剂

名称	类别
氢氧化钾	分析纯
甲醇	分析纯
乙酸	分析纯
甲苯	分析纯
柠檬酸	分析纯
柠檬酸钠	分析纯
氯仿	分析纯
正己烷	分析纯、色谱纯
丙酮	分析纯

（3）主要仪器

试验中所用的主要仪器见表2-10。

表2-10　主要仪器

名称	型号
高速冷冻离心机	CF16RX Ⅱ
气相色谱分析仪	6850N
空气浴振荡器	HZQ - C
电子天平	AB104 - N
微量移液器	BG - easy PIPET
电热恒温鼓风干燥箱	DHG - 9140
氮吹仪	HGC - 36A
振荡混合机	VORTEX - 5

2.4.1.2 主要试剂及配制

（1）0.2 mol/L 氢氧化钾 - 甲醇溶液：0.34 g 氢氧化钾溶于 30 mL 甲醇。

（2）1 mol/L 乙酸：1.74 mL 乙酸溶于 30 mL 去离子水（现用现配）。

（3）甲醇：甲苯 = 1:1。现用现配。

（4）0.15 mol/L 柠檬酸缓冲液（pH = 4.0）：准确称取 20.66 g 柠檬酸、15.23 g 柠檬酸钠，加去离子水定容至 1 000 mL。

（5）提取液（保存时间为一周）：柠檬酸缓冲液：氯仿：甲醇 = 0.8:1:2。

2.4.1.3 土壤中磷脂脂肪酸提取方法

试验中所有器皿都要用去离子水和正己烷清洗并吹干，玻璃管用锡箔纸包好并编号，土壤样品冻干后于干燥器中保存以备用。土壤中磷脂脂肪酸提取过程如下：

（1）提取脂肪

准确称取冻干土壤样品 5 g，倒入 50 mL 三角瓶中，加入 20 mL 提取液；黑暗中振荡 2 h，25 ℃、2 500 r/min 离心 10 min；取上清液，加入带盖的 50 mL 离心管中。向沉淀物中加入 12 mL 提取液，充分振荡 1 h，再次 25 ℃、2 500 r/min 离心 10 min，然后将上清液与之前的上清液混合。向混合上清液中加入 8.6 mL 柠檬酸缓冲液和 10.6 mL 氯仿，振荡离心管 1 min 并定期放气，将其置于黑暗中过夜，以分离两相。

（2）柱上净化

用吸管吸出水相，保留氯仿层，并尽可能不在氯仿层中留下水相。用氮气吹干氯仿层。将硅胶柱固定在萃取架或萃取盘上，将废液试管置于硅胶柱下。每个小柱用 2.5 mL 丙酮润洗 2 次，用 2.5 mL 氯仿润洗 2 次。用 0.25 mL 氯仿溶出样品（进行 4 次），加到硅胶柱中。用 2.5 mL 氯仿溶出中性脂质并丢弃（进行 2 次）。使用 2.5 mL 丙酮 2 次溶解糖脂并丢弃（进行 2 次）。用 2 mL 甲醇溶出磷脂（进行 3 次），即得磷脂脂肪酸样品。在收集管上标记样品编号和日期，用氮气在 -20 ℃下吹干甲醇，并在黑暗中 -20 ℃保存。

（3）酯化

将磷脂脂肪酸样品溶解于 1 mL 甲醇:甲苯（1:1）和 1 mL 0.2 mol/L 氢氧化

钾－甲醇溶液中;加热至 35 ℃,保温 15 min;冷却至室温。加入 2 mL 去离子水和 0.3 mL 1 mol/L 乙酸,加入 2 mL 正己烷,震荡 30 s,2 500 r/min 离心 10 min。将上部正己烷溶液转移至 4 mL 带盖 GC 衍生瓶中。再次向冷却至室温的样品瓶中加入 2 mL 去离子水和 0.3 mL 1 mol/L 乙酸,加入 2 mL 正己烷,搅拌 30 s,2 500 r/min 离心 10 min。混合两次离心所得上清液,用氮气吹干,在 －20 ℃、黑暗条件下保存。

在上机分析前,加入 150 μL 正己烷(色谱纯)溶解,加入50 μL 160 μg/μL C19:0 甲基酯做内标。取 50 μL C19:0 磷脂脂肪酸甲酯和 150 μL 37 种磷脂脂肪酸甲酯标准样品做定量标准。

2.4.1.4　检测条件

HP－5 柱:30 m×320 μm×0.25 μm。

进样量:2 μL。

分流比:10:1。

载气:氮气。

流速:0.8 mL/min。

初始温度:140 ℃维持 3 min。

分 4 个阶段程序性升温:140~190 ℃,4 ℃/min,保持 1 min;190~230 ℃,3 ℃/min,保持 1 min;230~250 ℃,2 ℃/min,保持 2 min;250~300 ℃,10 ℃/min,保持 1 min。

火焰离子检测器(FID)检测。

软件为 MIDI Sherlock Microbial Identification System 6.0。

2.4.2　结果与分析

土壤中磷脂脂肪酸的量可以表示微生物的生物量。

细菌的生物量用以下 13 种磷脂脂肪酸的量来表示:i15:0、a15:0、i16:0、i17:0、a17:0、16:1ω7c、18:1ω7c、cy17:0、cy19:0、14:0、17:0、16:1ω9c、2OH16:0。

真菌的生物量用以下 4 种磷脂脂肪酸的量来表示:18:1ω9c、18:2ω6,9c、

16：1ω5c、18：1ω9t。

由 16：1ω5c、16：1ω7c、16：1ω9c、17：1ω8c、18：1ω7c、18：1ω9c、cy17：0、cy19：0这 8 种磷脂脂肪酸的量来表示革兰氏阴性菌的生物量，由 i14：0、i15：0、a15：0、i16：0、i17：0、a17：0 这 6 种磷脂脂肪酸的量来表示革兰氏阳性菌的生物量。

厌氧菌的生物量由 cy17：0、cy19：0 表示，需氧菌的生物量由 16：1ω7c、18：1ω7c 表示，用厌氧菌与需氧菌比值来表示压力指数。

2.4.2.1　氟磺胺草醚对土壤中磷脂脂肪酸总量的影响

土壤中磷脂脂肪酸总量在很大程度上代表了土壤微生物的总量，也就是说，施用氟磺胺草醚后土壤中磷脂脂肪酸总量发生的变化可以代表土壤微生物总量发生的变化。

对于施用氟磺胺草醚第一年的大豆田（磷脂脂肪酸总量的变化如图 2 - 21 所示），喷施第 1 天，当氟磺胺草醚在土壤中的残留量为 3.5 mg/kg 时，磷脂脂肪酸总量显著高于对照区 21%。喷施第 60 天，喷施区的磷脂脂肪酸总量显著低于对照区 28%。当氟磺胺草醚残留量为 1.48 mg/kg 时，磷脂脂肪酸总量显著低于对照区 22%。

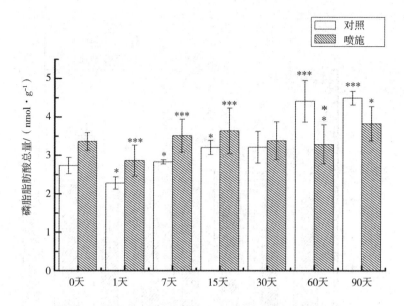

图 2-21　氟磺胺草醚对土壤中磷脂脂肪酸总量的影响(第一年)

注：＊＊＊表示不同处理在 $p < 0.001$ 时差异显著，＊＊表示不同处理在 $p < 0.01$ 时差异显著，＊表示不同处理在 $p < 0.05$ 时差异显著。

图 2-22 显示了施用氟磺胺草醚第二年的大豆田中磷脂脂肪酸总量的变化。结果表明，在喷施第 15 天和第 30 天，喷施区土壤中磷脂脂肪酸总量相比对照区有明显下降的趋势，其他时间无明显变化。

第一年和第二年土壤中磷脂脂肪酸总量的研究结果表明，由于喷施了氟磺胺草醚，土壤中磷脂脂肪酸总量发生了变化，即氟磺胺草醚改变了土壤微生物总量。

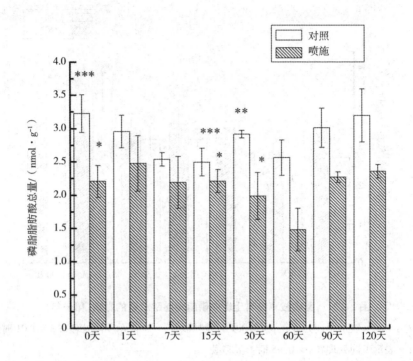

图 2 - 22　氟磺胺草醚对土壤中磷脂脂肪酸总量的影响(第二年)

注:＊＊＊表示不同处理在 $p < 0.001$ 时差异显著,＊＊表示不同处理在 $p < 0.01$ 时差异显著,＊表示不同处理在 $p < 0.05$ 时差异显著。

2.4.2.2　氟磺胺草醚对真菌与细菌比值的影响

土壤中真菌与细菌比值可用来表征土壤中真菌含量和细菌含量的相对变化。真菌与细菌比值越大,说明土壤微生态环境越稳定。

在喷施氟磺胺草醚的第一年,大豆田土壤中真菌与细菌比值如图 2 - 23 所示。

在喷施的第二年,大豆田中真菌与细菌比值如图 2 - 24 所示。这两年土壤中真菌与细菌比值没有受到显著影响。

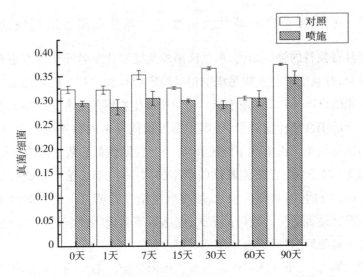

图 2 - 23　氟磺胺草醚对土壤中真菌与细菌比值的影响(第一年)

注：＊＊＊表示不同处理在 $p < 0.001$ 时差异显著，＊＊表示不同处理在 $p < 0.01$ 时差异显著，＊表示不同处理在 $p < 0.05$ 时差异显著。

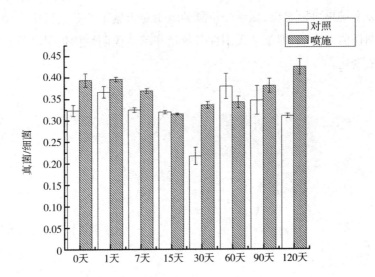

图 2 - 24　氟磺胺草醚对土壤中真菌与细菌比值的影响(第二年)

注：＊＊＊表示不同处理在 $p < 0.001$ 时差异显著，＊＊表示不同处理在 $p < 0.01$ 时差异显著，＊表示不同处理在 $p < 0.05$ 时差异显著。

2.4.2.3 氟磺胺草醚对革兰氏阴性菌与革兰氏阳性菌比值的影响

由于具有独特的细胞结构,革兰氏阳性菌能够比革兰氏阴性菌更有效地抵抗外部影响,并且能够在土壤系统中相对稳定地存在。革兰氏阴性菌与革兰氏阳性菌的比值(GN/GP),可用于指示土壤中微生物群落的变化。如果革兰氏阴性菌与革兰氏阳性菌比值降低,土壤中革兰氏阴性菌的数量可能会减少,如果革兰氏阴性菌与革兰氏阳性菌比值升高,革兰氏阴性菌的数量可能增加。

如图 2-25 所示,在喷施氟磺胺草醚的第一年,当土壤中氟磺胺草醚残留量为 3.5 mg/kg 时,与对照区相比,喷施区土壤中的革兰氏阴性菌与革兰氏阳性菌比值没有显著变化。喷施第 7 天,喷施区革兰氏阴性菌与革兰氏阳性菌比值显著低于对照区,然后逐渐恢复到对照水平。

在喷施第二年,革兰氏阴性菌与革兰氏阳性菌比值如图 2-26 所示。当氟磺胺草醚残留量为 7.1 mg/kg 时,喷施区革兰氏阴性菌与革兰氏阳性菌比值显著高于对照区 45%,第 7 天、第 15 天、第 60 天喷施区革兰氏阴性菌与革兰氏阳性菌比值与对照区无显著差异,第 30 天、第 90 天、第 120 天有显著升高趋势。

从以上结果可以看出,氟磺胺草醚的施用对土壤中的革兰氏阴性菌与革兰氏阳性菌比值有影响,即革兰氏阳性菌数量和革兰氏阴性菌数量在外界胁迫下有不同的变化。

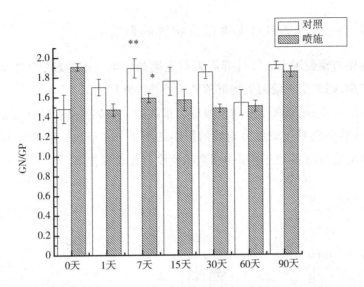

图 2-25 氟磺胺草醚对革兰氏阴性菌与革兰氏阳性菌比值的影响（第一年）

注：＊＊＊表示不同处理在 $p < 0.001$ 时差异显著，＊＊表示不同处理在 $p < 0.01$ 时差异显著，＊表示不同处理在 $p < 0.05$ 时差异显著。

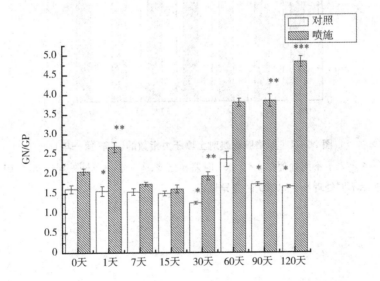

图 2-26 氟磺胺草醚对革兰氏阴性菌与革兰氏阳性菌比值的影响（第二年）

注：＊＊＊表示不同处理在 $p < 0.001$ 时差异显著，＊＊表示不同处理在 $p < 0.01$ 时差异显著，＊表示不同处理在 $p < 0.05$ 时差异显著。

2.4.2.4 氟磺胺草醚对土壤压力指数的影响

土壤压力指数用来表征外界因素对土壤微生物群落的影响。如果土壤压力指数增加,则表明土壤微生物群落处于外部因素压力下。

喷施第一年,氟磺胺草醚对土壤压力指数的影响如图 2 – 27 所示。喷施第二年,氟磺胺草醚对土壤压力指数的影响如图 2 – 28 所示。结果表明,喷施区土壤压力指数与对照区土壤压力指数相比没有显著变化。

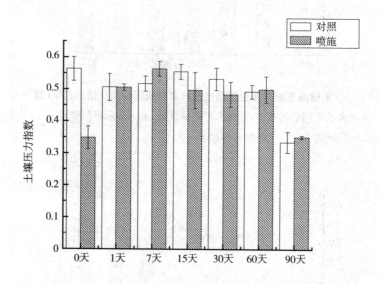

图 2 – 27 氟磺胺草醚对土壤压力指数的影响(第一年)

注: * * * 表示不同处理在 $p < 0.001$ 时差异显著, * * 表示不同处理在 $p < 0.01$ 时差异显著, * 表示不同处理在 $p < 0.05$ 时差异显著。

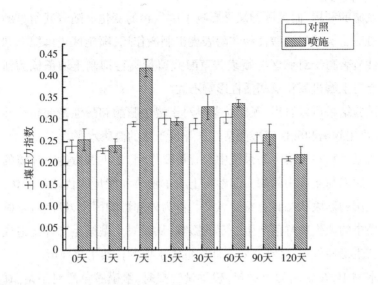

图 2-28　氟磺胺草醚对土壤压力指数的影响(第二年)

注:＊＊＊表示不同处理在 $p < 0.001$ 时差异显著,＊＊表示不同处理在 $p < 0.01$ 时差异显著,＊表示不同处理在 $p < 0.05$ 时差异显著。

2.5　讨论

氟磺胺草醚是一种长残留二苯醚类除草剂,在大豆田的利用率较高。它可以通过多种途径在土壤中降解,主要途径是微生物降解。氟磺胺草醚的降解速率因土壤环境的不同而不同,其半衰期从 10 天到几个月不等。

在本书中,氟磺胺草醚在大豆农田自然环境中施用第一年的降解半衰期为58.2 天,第二年的降解半衰期为 30.8 天。这与郭江峰等人分别在杭州和安徽取样的情况不同。杭州大豆田氟磺胺草醚降解半衰期为 13.3 天,安徽大豆田氟磺胺草醚降解半衰期为 14.2 天,这可能是南北气候、土壤类型、土壤微生物群落等因素造成的。在本书中,第一年和第二年的降解半衰期也有不同的结果,这可能与两年降水和光照的差异以及土壤微生物群落的变化有关。

施用氟磺胺草醚第一年,大豆田酶活性测定结果表明,氟磺胺草醚高残留对土壤脲酶和酸性磷酸酶有明显的抑制作用,这可能是因为氟磺胺草醚影响了土壤中氮源的利用,而氮源的缺乏影响了微生物的变化。随着残留量的降低氟磺胺草醚对土壤脲酶和酸性磷酸酶表现出刺激作用,喷施区土壤脲酶和酸性磷酸酶活性显著高于对照区。氟磺胺草醚残留量高会抑制土壤蔗糖酶活性。氟磺胺草醚对土壤过氧化氢酶活性影响不大。

由试验结果可以看出,氟磺胺草醚对土壤中脲酶和酸性磷酸酶活性影响较大,因此可用脲酶和酸性磷酸酶活性来评价土壤的健康水平。

土壤微生物在土壤生态系统中起着重要作用,是土壤微生态环境的重要组成部分。它们与土壤中的酶一起参与土壤中物质和能量的代谢和转化,对维持和指示土壤的健康状态具有重要意义。作为外部影响因素,氟磺胺草醚可以对施用土壤中的微生物群落产生一定的影响,从而对土壤微生态环境造成一定的影响或产生毒性作用,并在一定时间内危害土壤的自然生化环境。

在本书中,在施用的第一年,残留量较高时,氟磺胺草醚对细菌、真菌和放线菌有不同的影响:显著刺激细菌和放线菌的数量,并抑制真菌的数量。这可能是因为当喷施初期残留量较高时,真菌不能利用土壤中的能量物质而受到抑制,而细菌和放线菌则可以利用氟磺胺草醚提供的能量物质,呈现出增加的趋势。然后,喷施第 15 天,细菌、真菌和放线菌由于氟磺胺草醚降解为它们的生长提供了额外的可用能量物质,因此显示出刺激生长的效果,之后能量物质的减少和次级代谢产物的分泌导致细菌、真菌和放线菌数量的减少。

喷施第二年,土壤中细菌和真菌数量表现出高残留量抑制和低残留量刺激的变化趋势。这与第一年的结果不同,这可能是由环境、降水等多种因素造成的。

磷脂脂肪酸是生物细胞膜的重要组成部分。几乎所有生物细胞膜都含有磷脂脂肪酸,其约占细胞干重的 5%。不同的微生物具有不同磷脂脂肪酸水平。磷脂脂肪酸可以作为一种生物标志物来标记某一类或某一特定微生物的存在。基于这一原理和特点,本书采用磷脂脂肪酸测定法分析土壤微生物群落变化。

对第一年和第二年施用氟磺胺草醚的大豆田土壤取样,测量土壤中磷脂脂肪酸总量、真菌与细菌比值、革兰氏阴性菌与革兰氏阳性菌比值和压力指数,结果表明施用氟磺胺草醚对磷脂脂肪酸总量和革兰氏阴性菌与革兰氏阳性菌比值有影响,对真菌与细菌比值和压力指数无明显影响,土壤中微生物的群落结构有明显改变。然而,由于土壤本身肥沃、优势种群较多或施用时间较短,压力指数没有显著变化。可以推断,氟磺胺草醚改变了土壤微生物群落,但并未对土壤肥力造成严重损害。

2.6 小结

氟磺胺草醚作为一种长残留除草剂,在我国东北地区的使用率呈上升趋势。然而,尽管除草剂能在短时间内有效提高粮食产量,但长期使用对农田肥力和健康水平的影响尚无全面的毒理学效应分析。为了更全面地评估氟磺胺草醚对农田的影响,本书通过田间试验探讨了氟磺胺草醚在土壤中的残留动态及其对土壤中酶、微生物数量和微生物群落的影响,主要结论如下:

(1)采用高效液相色谱法测定了氟磺胺草醚在大豆田施用一年及两年的残留动态。结果表明,农药残留量在施药当天达到最大值,随着施药时间的延长,农药残留量呈现不同程度的降低趋势。第一年氟磺胺草醚在田间的降解半衰期为58.2天,第二年氟磺胺草醚在田间的降解半衰期为30.8天。

(2)第一年和第二年过氧化氢酶活性无明显变化,脲酶和酸性磷酸酶活性呈高残留抑制和低残留刺激的变化趋势,真菌和放线菌数量变化明显,然后随着残留浓度的降低而发生不同程度的变化。氟磺胺草醚对脲酶和酸性磷酸酶的活性有很大的影响。

(3)氟磺胺草醚对土壤磷脂脂肪酸总量、真菌与细菌比值、革兰氏阴性菌与革兰氏阳性菌比值和压力指数的分析结果表明,土壤革兰氏阴性菌与革兰氏阳性菌比值和磷脂脂肪酸总量发生了一定程度的变化,可以解释微生物群落的变化,真菌与细菌比值和压力指数的变化不大,表明土壤的整体结构没有受到很大影响,比较稳定。

参考文献

[1]赵长山,何付丽. 长残留性除草剂与黑龙江省农业的未来发展[J]. 东北农业大学学报,2007,38(1):136 – 139.

[2]孟宪科,李森. 黑龙江省除草剂应用现状与展望[J]. 植保技术与推广,1997,7(4):30 – 32.

［3］崔治,张云龙,王秀艳,等. 佳木斯地区长残效除草剂应用现状及对策思考[J]. 现代化农业,2007(9):1 - 2.

［4］张印,黄常柱,赵寅. 黑龙江省富裕县豆田除草剂使用中存在的问题[J]. 大豆通报,2004(3):8.

［5］黄立功,姜晓莹,闫德强. 长残效除草剂对农业生产的影响及控制对策[J]. 大豆通报,2008(1):14 - 16.

［6］余露. 2007 年黑龙江省玉米、马铃薯除草剂药害分析[J]. 农药市场信息, 2007(21):30.

［7］张凤梅,王建馨. 虎林市农作物使用长残效除草剂造成的危害及其解决方法[J]. 养殖技术顾问,2011(2):39.

［8］耿兰霞. 长残效除草剂使用现状及其对后作的安全性[J]. 现代农业科技, 2010(1):174.

［9］刘景辉. 氟磺胺草醚降解菌株的分离及其在玉米盆栽上的应用研究[D]. 大庆:黑龙江八一农垦大学,2020.

［10］苏少泉. 原卟啉原氧化酶抑制性除草剂的发展[J]. 农药研究与应用, 2011,15(1):1 - 5.

［11］LIANG B,LU P,LI H H,et al. Biodegradation of fomesafen by strain *Lysinibacillus* sp. ZB - 1 isolated from soil [J]. Chemosphere, 2009, 77 (11): 1614 - 1619.

［12］AUGUSTIJN - BECKERS P W M,HORNSBY A G,Wauchope R D. The SCS/ ARS/CES pesticide properties database for environmental decision - making. Ⅱ. Additional compounds[J]. Reviews of Environmental Contamination and Toxicology,1994,137:1 - 82.

［13］JUMEL A,COUTELLEC M,CRAVEDI J,et al. Nonylphenol polyethoxylate adjuvant mitigates the reproductive toxicity of fomesafen on the freshwater snail *Lymnaea stagnalis* in outdoor experimental ponds [J]. Environmental Toxicology and Chemistry,2002,21(9):1876 - 1888.

［14］GUO J F,ZHU G N,SHI J J,et al. Adsorption,desorption and mbility of Fomesafen in *Chinese soils*[J]. Water Air and Soil Pollution,2003,148(1 - 4): 77 - 85.

[15]BENDING G D,LINCOLN S D,EDMONDSON R N. Spatial variation in the degradation rate of the pesticides isoproturon,azoxystrobin and diflufenican in soil and its relationship with chemical and microbial properties[J]. Environmental Pollution,2006,139(2):279 – 287.

[16]CURTIS T P,SLOAN W T,SCANNELL J W. Estimating prokaryotic diversity and its limits[J]. Proceedings of the National Academy of Sciences of the United States of America,2002,99(16):10494 – 10499.

[17]LEAKE J,JOHNSON D,DONNELLY D,et al. Networks of power and influence:the role of mycorrhizal mycelium in controlling plant communities and agroecosystem functioning(vol 82,pg 1016,2004)[J]. Botany,2014(1):83.

[18]FIERER N,LEFF J W,ADAMS B J,et al. Cross – biome metagenomic analyses of soil microbial communities and their functional attributes[J]. Proceedings of the National Academy of Sciences of the United States of America,2012,109 (52):21390 – 21395.

[19]ZHAO H P,WU Q S,WANG L,et al. Degradation of phenanthrene by bacterial strain isolated from soil in oil refinery fields in Shanghai China[J]. Journal of Hazardous Materials,2009,164(2 – 3):863 – 869.

[20]KENNEDY A C,SMITH K L. Soil microbial diversity and the sustainability of agricultural soils[J]. Plant and Soil,1995,170(1):75 – 86.

[21]WHITMAN W BCOLEMAN D C,WIEBE W J. Prokaryotes:the unseen majority[J]. Proceedings of the National Academy of Sciences of the United States of America,1998,95(12):6578 – 6573.

[22]SCHLOTER M,DILLY O,MUNCH J C. Indicators for evaluating soil quality [J]. Agriculture Ecosystems & Environment,2003,98(1 – 3):255 – 262.

[23]HERNÁNDEZ – ALLICA J,BECERRIL J M,ZÁRATE O,et al. Assessment of the efficiency of a metal phytoextraction process with biological indicators of soil health[J]. Plant and Soil,2007,281(1 – 2):147 – 158.

[24]JOHNSEN K,JACOBSEN C S,TORSVIK V,et al. Pesticide effects on bacterial diversity in agricultural soils – a review[J]. Biology and Fertility of Soils, 2001,33(6):443 – 453.

[25]SANTOS J B,JAKELAITIS A,SILVA A A,et al. Action of two herbicides on the microbial activity of soil cultivated with common bean(*Phaseolus vulgaris*) in conventional – till and no – till systems[J]. Weed Research,2006,46(4): 284 – 289.

[26]LO C C. Effect of pesticides on soil microbial community[J]. Journal of Environmental Science & Health Part B,2010,45(5):348 – 359.

[27]FIERER N,LEFF J W,ADAMS B J,et al. Cross – biome metagenomic analyses of soil microbial communities and their functional attributes[J]. Proceedings of the National Academy of Sciences of the United States of America,2012,109 (52):21390 – 21395.

[28]PHILIPPOT L,SPOR A,HÉNAULT C,et al. Loss in microbial diversity affects nitrogen cycling in soil[J]. Isme Journal Multidisciplinary Journal of Microbial Ecology,2013,7(8):1609 – 1619.

[29]BRADLEY J R,ROBIN R B,DANIEL C B,et al. Dissipation of fomesafen in New York state soils and potential to cause carryover injury to *Sweet corn*[J]. Weed Technology,2007,21(1):206 – 212.

[30]WU X H,XU J,DONG F S,et al. Responses of soil microbial community to different concentration of fomesafen[J]. Journal of Hazardous Materials,2014, 273:155 – 164.

[31]ZHANG Q M,ZHU L S,WANG J,et al. Effects of fomesafen on soil enzyme activity,microbial population,and bacterial community composition[J]. Environmental Monitoring & Assessment,2014,186(5):2801 – 2812.

[32]SANTOS J B,JAKELAITIS A,SILVA A A,et al. Action of two herbicides on the microbial activity of soil cultivated with common bean(*Phaseolus vulgaris*) in conventional – till and no – till systems[J]. Weed Research,2006,46(4): 284 – 289.

[33]薛庆喜. 中国及东北三省30年大豆种植面积、总产、单产变化分析[J]. 中国农学通报,2013,29(35):102 – 106.

[34]郑景瑶,王百慧,岳中辉,等. 氟磺胺草醚对黑土微生物数量及酶活性的影响[J]. 植物保护学报,2013,40(5):468 – 472.

[35] XUE D,YAO H Y,GE D Y,et al. Soil microbial community structure in diverse land use systems:a comparative study using Biolog,DGGE,and PLFA analyses[J]. Pedosphere,2008,18(5):653-663.

[36] 肖丽,冯燕燕,赵靓,等. 多菌灵对土壤细菌遗传多样性的影响[J]. 新疆农业科学,2011,48(9):1640-1648.

[37] 汪寅夫,李丽君,王娜. 超声提取-吸附分离-气相色谱法测定土壤中有机磷和阿特拉津农药残留[J]. 吉林农业大学学报,2011(1):57-59.

[38] 王立仁,赵明宇. 阿特拉津在农田灌溉水及土壤中的残留分析方法及影响研究[J]. 农业环境保护,2000,19(2):111-113.

[39] 邱莉萍,刘军,王益权,等. 土壤酶活性与土壤肥力的关系研究[J]. 植物营养与肥料学报,2004(3):277-280.

[40] FRANKENGER W T,DICK W A. Relationship between enzyme activities and microbial growth and activity indices in soil[J]. Soil Sci. Soc. Am. J,1983,47(5):945-951.

[41] DOUGLAS C L,ALLMARAS R R,RASMUSSEN P E,et al. Wheat straw composition and placement effects on decomposition in dryland agriculture of the Pacific Northwest[J]. Soil Science,1980,44(4):833-837.

[42] 许光辉,郑洪元. 土壤微生物分析方法手册[M]. 北京:农业出版社,1986.

[43] 周瑞莲,张普金,徐长林. 高寒山区火烧土壤对其养分含量和酶活性的影响及灰色关联分析[J]. 土壤学报,1997(1):89-96.

[44] 张玉磊,张宇. 三种长残留除草剂对大豆根际土壤纤维素酶活性的影响[J]. 黑龙江农业科学,2011(1):63-65.

[45] 丰骁,段建平,蒲小鹏,等. 土壤脲酶活性两种测定方法的比较[J]. 草原与草坪,2008(2):70-73.

[46] 周礼恺,张志明. 土壤酶活性的测定方法[J]. 土壤通报,1980(5):37-38,49.

[47] 曹志平. 土壤生态学[M]. 北京:化学工业出版社,2007.

[48] 范秀荣,李广武,沈萍. 微生物学实验[M]. 北京:高等教育出版社,1989.

[49] BOSSIO D A,SCOW K M,GUNAPALA N,et al. Determinants of soil microbial communities:effect of agricultural management,season,and soil type on phos-

pholipid fatty acid profiles[J]. Microbial Ecology,1998,36(1):1 – 12.

[50]王曙光,侯彦林. 磷脂脂肪酸方法在土壤微生物分析中的应用[J]. 微生物学通报,2004(1):114 – 117.

[51]FROSTEGARD A,BAATH E,TUNLID A. Shifts in the structure of soil microbial communities in limed forests as revealed by phospholipid fatty acid analysis [J]. Soil Biology and Biochemistry,1993,25(6):723 – 730.

[52]DONALD R Z,GEORGE W K. Microbial community composition and function across an arctic tundra landscape[J]. Ecology,2006,87(7):1659 – 1670.

[53]BARDGETT R D,HOBBS P J,FROSTEGARD A. Changes in soil fungal:bacterial ratios following reductions in the intensity of management of an upland grassland[J]. Biology and Fertility of Soils,1996,22(3):261 – 264.

[54]MARIUS B,DANA E,JAN T,et al. Fungal bioremediation of the creosote – contaminated soil:influence of pleurotus ostreatus and irpex acteus on polycyclic aromatic hydrocarbons removal and soil microbial community composition in the laboratory – scale study[J]. Chemosphere,2008,73(9):1518 – 1523.

[55]HAMMESFAHR U,HEUER H,MANZKE B,et al. Impact of the antibiotic sulfadiazine and pig manure on the microbial community structure in agricultural soils[J]. Soil Biology and Biochemistry,2008,40(7):1583 – 1591.

[56]吴金水,林启美,黄巧云,等. 土壤微生物生物量测定方法及其应用[M]. 北京:气象出版社,2006.

[57]杜浩. 莠去津污染土壤的生物强化修复及其细菌群落动态分析[D]. 泰安:山东农业大学,2012.

[58]颜慧,蔡祖聪,钟文辉. 磷脂脂肪酸分析方法及其在土壤微生物多样性研究中的应用[J]. 土壤学报,2006,43(5):851 – 859.

[59]白震,何红波,张威,等. 磷脂脂肪酸技术及其在土壤微生物研究中的应用 [J]. 生态学报,2006,26(7):2387 – 2394.

[60]IBEKWE A M,PAPIERNIK S K,GAN J Y,et al. Impact of fumigants on soil microbial communities[J]. Applied and Environmental Microbiology,2001,67 (7):3245 – 3257.

[61]YAO H,HE Z,WILSON M J,et al. Microbial biomass and community

structurin a sequence of soils with increasing fertility and changing land use [J]. Microbial Ecology,2000,40(3):223 - 237.

[62] 姚斌. 控制条件下除草剂在土壤中的降解及其对土壤生物学指标的影响 [D]. 杭州:浙江大学,2003.

3　黑土表层中氟磺胺草醚降解菌株对土壤微生物群落的影响

3.1 概述

3.1.1 除草剂降解微生物

自然界中存在一类微生物,能利用化学除草剂合成碳源和氮源,将其作为能源供自身生长。化学除草剂在使用过程中主要进入土壤环境,在土壤中这类微生物的作用下被降解。

土壤中这类微生物群落类型和数量与其除草剂降解作用相关。

已有报道的部分除草剂降解微生物种类可见表 3 - 1。

表 3 - 1　一些除草剂降解微生物

类别	降解菌
细菌	假单胞菌属(*Pseudomonas*)
	芽孢杆菌属(*Bacillus*)
	黄杆菌属(*Flavobacterium*)
	产碱杆菌属(*Alcaligenes*)
	无色杆菌属(*Achromobacter*)
	土壤杆菌属(*Agrobacterium*)
	固氮极毛杆菌属(*Azotomonus*)
	短杆菌属(*Brevibacterium*)
	枝动菌属(*Mycoplana*)
	根瘤菌属(*Rhizobium*)
	链球菌属(*Streptococcus*)
	梭状芽孢杆菌属(*Clostridium*)

续表

类别	降解菌
细菌	八叠球菌属(*Sarcina*)
	拟杆菌属(*Bacteroides*)
	硫杆菌属(*Thiobacillus*)
放线菌	诺卡氏菌属(*Nocardia*)
	链霉菌属(*Streptomyces*)
真菌	根霉属(*Rhizopus*)
	木霉属(*Trichoderma*)
	镰刀菌属(*Fusarium*)

3.1.2 微生物降解除草剂的机制

近年来,由于化学除草剂的滥用,土壤环境受到了污染。因此,微生物降解除草剂的研究越来越受到人们的重视,其中对细菌的研究最多。许多化学除草剂的结构与天然化合物相似,一些微生物自身的酶系统可以降解这些物质。微生物可以分解并利用它们,将其转化为微生物营养源。矿化是最理想的降解方式,酶将除草剂分解成无毒无害的无机物质。比如,细菌通过各种酶降解除草剂,这称为酶反应,即在各种酶的作用下,细菌将除草剂完全降解或分解成小分子量的无毒或低毒化合物。例如,假单胞菌 ADP 菌株使用 3 种酶降解阿特拉津,而阿特拉津是假单胞菌 ADP 菌株的唯一碳源。一是 AtzA 酶催化的阿特拉津水解脱氯得到羟基阿特拉津;二是用 AtzB 酶催化羟基阿特拉津脱氯氨基反应生成 N – 异丙基氰尿酰胺;三是利用 AtzC 酶催化 N – 异丙基氰尿酰胺生成氰尿酸和异丙胺,最终将阿特拉津降解为 CO_2 和 NH_3。AtzA 是降解阿特拉津的关键酶。王永杰等人利用具有广谱活性的细菌降解有机磷除草剂。研究人员希望利用降解酶降解除草剂来改变目前土壤污染的状况,因为降解酶具有很强的耐受异常环境条件的能力,比产生这种酶的细菌的耐受能力更强,其降解效率远高于细菌本身,尤其是对于低浓度除草剂。一些研究表明,大多数编码这些酶的基因存在于质粒中,因此,研究人员可以构建人工"工程菌"降解除草剂,从而解决除草剂污染问题。此类技术的发展也成为研究的重点。

微生物本身不能降解某些化合物,但当有另一种初级能源存在时,微生物可以分解代谢这些化合物,这称为共代谢。研究表明,门多萨假单胞菌 DR – 8 菌株能降解甲单脒,产物为 2,4 – 二甲基苯胺和 NH_3,但门多萨假单胞菌 DR – 8 菌株不能直接吸收和利用甲单脒中的碳源和能量,只能在其他有机物质做碳源的条件下降解甲单脒。共代谢在微生物降解除草剂过程中起着非常重要的作用。

微生物降解除草剂过程中的生化反应包括:

(1)氧化反应,包括羟化反应等。

(2)还原反应,包括硝基还原等。

(3)水解反应,微生物可以水解某些除草剂含有的酯键。

(4)缩合和共轭形成,缩合包括分子与另一种有机化合物的结合,从而使除草剂或其衍生物失活。

众所周知,当微生物降解除草剂时,不会发生单一反应,而是多个反应共同发生。

3.1.3 微生物降解除草剂的代谢途径与降解基因

部分微生物降解除草剂的代谢途径、中间产物和降解基因见表 3 – 2。

表3-2 部分除草剂的微生物降解代谢途径、中间产物与降解相关基因

除草剂	微生物	代谢途径和代谢中间产物	降解基因
阿特拉津	*Rhodococcus corallinus*	从 CEAT 上脱氯和氨基	—
	Rhodococcus corallinus NRRLB-15444R	MCEAT 和 CIAT 脱氯活性	
	Rhodocooccus sp. TE1	脱烷基	Plasmid(77 kb)
	Pseudomonas sp. ADP	先脱氯再脱烷基	$atzA$, $atzB$, $atzC$
	Rodococous sp. BTAH1	先脱氯再脱烷基	和 $atzA$ 高同源性
2,4-D	*Pseudomonas cepacia* CSV90	2-甲基-4-氯苯氧乙酸	$cadR$, $cadA$, $cadB$, $cadK$, $cadC$
草甘膦	*Pseudomonas pseudomauei*	—	$glpA$, $glpB$
草铵膦	*Streptomyces hygroscopicus*	—	bar

3.1.4 除草剂降解微生物对土壤生物修复作用的研究进展

随着现代农业技术的飞速发展,许多生物防治剂因无毒无害、环境污染小、不易产生耐药性而广泛应用于农业生产。研究人员已开展许多关于污染土壤生物修复的研究。在实际农业生产中,80%的除草剂直接进入土壤,降解菌能够利用除草剂作为碳源来减少除草剂残留,对农业的安全发展具有重要意义。

金志刚研究的甲基绿磺隆生物修复是模拟室内光照下土壤的降解试验。该试验旨在验证降解菌 2N3 具有修复效果,尤其是在含有甲基绿磺隆的土壤中。试验结果表明:在土壤中添加降解菌 2N3,在降解菌的作用下,甲基绿磺隆的降解率显著提高,可达 84.6%;灭菌土壤中甲基绿磺隆的降解速率明显低于未灭菌土壤;高浓度的甲基绿磺隆可以抑制微生物的生长。不同初始浓度的甲基绿磺隆对其有很大影响。

在未灭菌土壤中两种降解菌 AG 和 BTAHI 对植物生长和阿特拉津降解的影响试验中,研究结果表明,在降解菌的作用下,土壤中的除草剂浓度在短时间内降到较低水平,从而使敏感作物能够生长良好。同时,在适宜的环境条件下,短时间内加入降解菌,可以达到较好的降解效果。但是,值得注意的是,这两种降解菌在试验中可能表现出不同的降解效果,特别是在植物生长方面。施用 AG 的小麦在处理后的土壤中生长优于施用 BTAHI 的小麦,但在田间试验中,阿特拉津在施加两种降解菌的土壤中的残留量没有显著差异。因此,不同菌株对植物的影响需要进一步验证。

在不同降解条件下,咪唑乙烟酸的降解速率明显不同,相关试验表明,微生物降解是咪唑乙烟酸降解的主要途径。苏少泉认为,在正常条件下,所有促进微生物活性的因素都能促进咪唑啉酮类除草剂降解,但在 pH > 6.5 的土壤中,除草剂带负电,不能被有机物质吸附,在土壤溶液中它们处于易被植物吸收、易被微生物降解的游离态,因此,它们的降解显著增强,残留期缩短。杨绍义发现咪唑乙烟酸在灭菌土壤中的降解速度明显慢于未灭菌土壤,这表明微生物参与了咪唑乙烟酸的降解。王学东等人在土壤试验中成功获得了两株高效降解菌,证明在土壤中咪唑烟酸可以被微生物降解,这两株降解菌在碱性介质中对咪唑烟酸有较强的降解能力。

洪源范等人进行了甲氰菊酯降解菌 *Sphingomonas* sp. JQL4 – 5 修复污染土壤的试验。试验结果表明,土壤温度、土壤 pH 值以及甲氰菊酯浓度都会影响菌株的降解能力,为降解菌在生物修复中的实际应用提供了理论基础。

除草剂的微生物降解仍需进一步研究,如:如何筛选多功能微生物种群资源,如何使除草剂在实验室条件下的生物降解与应用效果一致,如何克服影响除草剂生物降解效果的各种因素,构建工程菌和除草剂降解质粒的安全稳定管理模式,完善产品进入市场管理的相关法律法规。这些问题的解决将大大提高微生物降解除草剂的研究水平,促进除草剂降解菌的广泛应用,更好地解决除草剂对环境的污染问题。

3.1.5 氟磺胺草醚降解菌生物修复研究进展

氟磺胺草醚会在土壤中长期残留,因此,减少氟磺胺草醚在土壤中的残留量,减轻其对后续作物和自然环境的污染,具有重要的理论和现实意义,而微生物降解是减少氟磺胺草醚在土壤中残留量的主要途径。氟磺胺草醚降解菌的筛选及土壤生物修复成为近年来国内学者研究的热点之一。目前,已有氟磺胺草醚降解细菌如芽孢杆菌(*Lysinibacillus* sp.)ZB-1、克雷伯氏菌属(*Klebsiella* sp.)F-12、门多萨假单胞菌(*Pseudomonas mendocina* sp.)FB8、微嗜酸寡氧单胞菌(*Stenotrophomonas acidaminiphila*)BX3 以及氟磺胺草醚降解真菌如黑曲霉属(*Asperigillus niger*)S7 和黄曲霉(*Aspergillus flarus*)TZ1985 等被分离鉴定,这些微生物资源的发掘对氟磺胺草醚污染土壤的生物修复有着非常重要的意义。

在 2009 年李阳等人曾报道黑曲霉菌株 S7 对氟磺胺草醚的降解作用,该试验所用的降解菌株 S7 是通过富集培养可以在受氟磺胺草醚污染的土壤中起高效降解作用的菌株。经鉴定,该菌株属于黑曲霉。试验结果表明:低浓度氟磺胺草醚有利于菌株 ST 的生长,该菌株对氟磺胺草醚降解率高;氟磺胺草醚浓度为 100 mg/L、接种量为 2%~3%、碳源为 1.0%、pH 值为 6、温度为 28~36 ℃的条件有益于菌株 S7 的生长,可提高其对氟磺胺草醚的降解能力。但是该菌株的降解机制以及实际应用没有被报道。

2012 年,吴秋彩等人报道了降解菌 F-12 对氟磺胺草醚的降解效果。为了研究该除草剂污染土壤的生物修复机制,该试验从常年施用氟磺胺草醚的大豆田土壤中提取降解菌 F-12,并通过富集培养技术分离出一株细菌,该试验通过菌落形态鉴定、生理生化特性检测和 16S rDNA 基因序列分析,初步鉴定该菌株为克雷伯氏菌属。试验结果表明,在氟磺胺草醚浓度为 100 mg/L、接种量为 15%、pH 值为 6.0、温度为 35 ℃的条件下,培养 2 天后,该菌株对氟磺胺草醚的降解率达到 82.16%。该降解菌具有修复被氟磺胺草醚污染土壤的能力,但如何将该降解菌应用于生产尚无相关报道。

张清明报道了降解菌 BX3 对氟磺胺草醚的降解效果。该试验所用的降解菌 BX3 是通过富集培养技术从山东某农药厂活性污泥中筛选出的对氟磺胺草醚具有较高降解能力的细菌。通过菌落形态鉴定、生理生化特性检测、16S rDNA 基因序列分析,初步判断菌株 BX3 为微嗜酸性寡单胞菌。试验结果表明,在氟磺胺草醚浓度为 100 mg/L、温度为 30 ℃、pH 值为 6~7 的条件下,该降解菌具有较强的修复氟磺胺草醚污染土壤的能力,培养 5 天后对氟磺胺草醚的降解率可达 80% 以上。该降解菌可为氟磺胺草醚污染土壤的生物修复提供适宜菌株资源。

3.2 材料与方法

3.2.1 材料、试剂与仪器

3.2.1.1 供试菌株

田间试验使用的降解菌来自笔者所在实验室前期筛选鉴定并培育驯化的降解氟磺胺草醚的菌株志贺氏菌 FB5。

3.2.1.2 土壤样品

土壤样品取自黑龙江省哈尔滨市呼兰区试验田施用氟磺胺草醚的表层土壤的 5 个点。

土壤样品分为 4 类：不施用除草剂、不添加降解菌的土壤样品（记录为 CK1），施用除草剂、不添加降解菌的土壤样品（记录为 CK2），不施用除草剂、添加降解菌的土壤样品（记录为 T1），施用除草剂、添加降解菌的土壤样品（记录为 T2）。

风干后，土壤样品过 40 目筛，然后过 60 目筛并储存备用。

3.2.1.3 主要试剂

氟磺胺草醚 25% 水剂、氟磺胺草醚标准品、丙酮、正己烷、甲醇、提取液（正己烷与丙酮以 1∶1 比例混合）等。

3.2.1.4 主要仪器

试验所用的主要仪器见表 3-3。

表3-3　主要仪器

仪器	型号
高压蒸汽灭菌锅	MLS-3020
振荡培养箱	HZQ-F160
电热恒温水浴锅	HH-S11
振荡混合机	VORTEX-5
电子天平	AB104-N
超净工作台	DL-CJ-2N
紫外可见分光光度计	TU-1810
高速冷冻离心机	CF16RX Ⅱ
氮吹仪	HGC-36A
高效液相色谱分析仪	CBM-102
高效液相色谱检测器	SPD-10AVP
高效液相色谱高压泵	LC-10ATVP
气相色谱分析仪	6850N
电热恒温鼓风干燥箱	DHG-9140

3.2.2　培养基

3.2.2.1　基础盐培养基(MSM)

氯化物1.0 g,磷酸二氢钾0.5 g,磷酸氢二钾1.5 g,硫酸镁0.10 g,硝酸铵1.0 g,加入蒸馏水950 mL,用2 mol/L氢氧化钠调pH值至7.0,定容至1 L,121 ℃灭菌30 min,备用。

3.2.2.2　LB培养基

酵母膏5.00 g,蛋白胨10.00 g,氯化钠10.00 g,加入蒸馏水950 mL,用2 mol/L氢氧化钠调pH值至7.0,定容至1 L,121 ℃灭菌30 min,备用。

3.2.3　降解菌 FB5 的驯化及扩培

对降解菌 FB5 进行富集驯化,得到最终浓度为 500 mg/L 的降解菌 FB5 溶液,将降解菌 FB5 接种于 500 mL LB 培养基(接种量为 1%),在 37 ℃下 180 r/min 摇床上进行扩增,得到降解菌液。将培养的降解菌液接种于发酵罐中 12 h,得到降解菌培养液并测定 OD 值。

3.2.4　降解菌 FB5 土壤修复作用的测定

3.2.4.1　降解菌田间试验施用

除草剂氟磺胺草醚用量为 80～100 mL/亩,浓度为 250 g/L。将发酵的降解菌培养液应用于试验田土壤中,每垄施用 600 mL。施用除草剂和降解菌后,分别在第 0 天、第 1 天、第 7 天、第 15 天、第 30 天、第 60 天、第 90 天和第 120 天取样。采样方法为五点采样法,采集土壤进行空气干燥处理,然后通过 40 目和 60 目筛对土壤样品进行简单处理,将处理后的土壤样品置于 -20 ℃待测试。

分为喷施区和对照区。

3.2.4.2　氟磺胺草醚的提取与检测

(1)过 40 目和 60 目筛的土壤样品 8 g 置于 50 mL 灭菌离心管中。

(2)加入 15 mL 提取液。

(3)将上清液置于平底试管中,用氮气吹干。

(4)向沉淀中加入 15 mL 提取液,超声波作用 5 min,4 ℃下 5 000 r/min 离心 5 min。

(5)将上清液置于步骤(3)的平底试管中,用氮气吹干。

(6)重复步骤(4)和(5)两次。

(7)向平底试管中加入 2 mL 甲醇,超声波处理数秒。

(8)以 0.45 μm 孔径无菌滤器过滤至 2 mL 离心管中。

(9)4 ℃保存。

（10）高效液相色谱仪检测。

3.2.4.3　检测条件

色谱柱:4.6 mm×250 mm×5 μm。

柱温:25 ℃。

流动相:甲醇: 水 = 75: 25,pH = 3.0。

检测波长:230 nm。

流速:0.8 mL/min。

进样量:10 μL。

出峰时间:10.2 min。

3.2.4.4　氟磺胺草醚标准曲线的绘制

定量测定采用外标法。将氟磺胺草醚标准品制备成 1 000 mg/L 标准液（0.01 g氟磺胺草醚加入 10 mL 甲醇），然后稀释成 6.25 mg/L、12.5 mg/L、25 mg/L、50 mg/L 和100 mg/L 共 5 个浓度梯度,根据最佳色谱条件进行高效液相色谱分析。根据测得的峰面积与标准液浓度一一对应,绘制标准曲线,建立线性方程。

3.2.5　降解菌 FB5 对土壤土著微生物群落影响的测定

3.2.5.1　气相色谱 – 质谱仪分析条件

色谱柱:25 m×0.20 mm×0.33 μm。

进样量:2 μL。

分流比:10:1。

载气:氢气。

流速:0.8 mL/min。

初始温度:170 ℃。

升温:5 ℃/min,260 ℃ ; 40 ℃/min,310 ℃,保持 1.5 min。

火焰离子检测器(FID)检测。

3.2.5.2　土壤微生物磷脂脂肪酸测定

（1）提取

将磷酸盐缓冲液（0.1 mol/L，pH = 7.0）、氯仿和甲醇依次加入处理后的土壤样品中，体积比为 0.8∶1∶2。试剂的添加原则是 1 g 土壤样品中添加 1 mL 氯仿，然后根据土壤样品不同进行适当调整。选择黑暗处剧烈振荡 2 h，振荡后迅速离心。离心后，将上清液转移到干净的试管中，加入磷酸盐缓冲液和氯仿，剧烈摇动并静置过夜。液体分为两相，脂质分布在氯仿层（下层）中。用氮气吹干，进行下一步固相萃取。

（2）分离

将步骤（1）中获得的提取物装载在硅胶柱上，并分别用氯仿、丙酮和无水甲醇进行洗脱。含磷脂部分（即甲醇溶液）用氮气吹干。

（3）酯化

磷脂易溶于甲苯。选择预先制备的 0.2 mol/L 氢氧化钾 – 甲醇溶液，在 37 ℃水浴 15 min，冷却至室温，用己烷和氯仿混合物萃取，加入浓度为 1 mol/L 的乙酸和蒸馏水。上层有机相为磷脂脂肪酸甲酯。

（4）气相色谱法分析

分析磷脂脂肪酸甲酯的组成和含量，并根据碳原子数、双键数和位置确定不同的磷脂脂肪酸。

3.2.5.3　磷脂脂肪酸的各项参数

试验中样品的进样量为 2 μL，内标选择 C19∶0 磷脂脂肪酸甲酯，结果由软件 MIDI Sherlock Microbial Identification System 6.0 分析，根据测得的峰面积计算。

真菌参数为 18∶1ω9c、18∶2ω6,9c、16∶1ω5c。

细菌参数为 i15∶0、a15∶0、i16∶0、i17∶0、a17∶0、16∶1ω7c、18∶1ω7c、cy17∶0、cy19∶0、14∶0、17∶0、16∶1ω9c、2OH16∶0。

将真菌和细菌参数的峰面积分别相加，然后以真菌的和比细菌的和，得到结果。

革兰氏阴性菌参数为 16∶1ω5c、16∶1ω7c、16∶1ω9c、18∶1ω7c、18∶1ω9c、

cy17:0、cy19:0。

革兰氏阳性菌参数为 i14:0、i15:0、a15:0、i16:0、i17:0、a17:0。

将峰面积分别相加,然后将和相除,得到结果。

压力指数中厌氧菌参数为 cy17:0、cy19:0。压力指数中需氧菌参数为 16:1ω7c、18:1ω7c。将厌氧菌参数和需氧菌参数分别相加,比值即为结果。

3.3　结果与分析

3.3.1　降解菌 FB5 土壤生物修复作用

3.3.1.1　降解菌 FB5 的测定结果

将降解菌 FB5 添加到含有 500 mg/L 氟磺胺草醚的培养基中进行培养。用紫外分光光度计测定降解菌液,结果为 $OD_{600} = 0.513$。在无菌条件下,将降解菌液接种于含 LB 培养基的发酵罐中培养 12 h。再次用紫外分光光度计测定,$OD_{600} = 1.764$。

3.3.1.2　标准曲线

取氟磺胺草醚标准液 6.25 mg/L、12.5 mg/L、25 mg/L、50 mg/L、100 mg/L 这 5 个浓度梯度,按照指定条件进样,测定峰值。横坐标为标准液浓度,纵坐标为峰面积,绘制氟磺胺草醚标准曲线,得到线性方程为 $y = 14\,966x - 77\,848$,$R^2 = 0.999$。结果见图 3 - 1,呈现较好的线性关系。

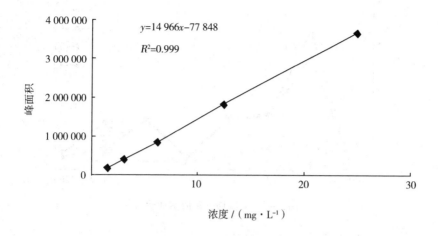

图 3 – 1 氟磺胺草醚标准曲线

3.3.1.3 土壤样品测定结果

从图 3 – 2 可以看出,在不施用阶段(第 0 天),除草剂残留量低于 0.1 mg/kg,这是一个非常低的水平。向土壤中喷施除草剂第 1 天,处理 T2 和 CK2 中氟磺胺草醚残留量达到最高水平。与添加降解菌 FB5 和施用除草剂的处理 T2 相比,不添加降解菌 FB5 和施用除草剂的处理 CK2 在添加降解菌第 7 天,降解率可达到 61.19%。试验田中得到的降解率与实验室条件下得到的降解率 86.13% 相比偏低,可能受很多因素的影响,如四季和昼夜温度的变化、土壤湿度水平、盐度和碱度的差异、阳光照射和空气循环等,同时土壤中其他生物的存在会不同程度地影响降解菌 FB5 对氟磺胺草醚的降解能力。第 30 天时,土壤中氟磺胺草醚残留量显著下降,验证了降解菌 FB5 对土壤中氟磺胺草醚的降解作用,表明添加降解菌 FB5 可以修复被氟磺胺草醚污染的土壤。

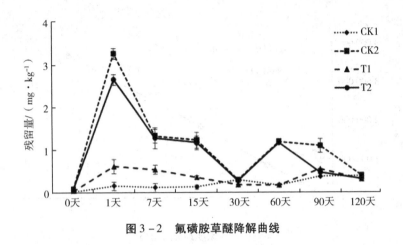

图 3 – 2　氟磺胺草醚降解曲线

3.3.1.4　氟磺胺草醚的消解动态

图 3 – 3 是以氟磺胺草醚在土壤残留量作为纵坐标、时间作为横坐标绘制的氟磺胺草醚消解曲线,处理 CK2 得到线性方程 $y = 2.828e^{-0.01x}$,$R^2 = 0.856$,处理 T2 得到线性方程 $y = 1.630e^{-0.01x}$,$R^2 = 0.852$。

经过计算,在处理 CK2 中氟磺胺草醚的半衰期为 93 天,在处理 T2 中氟磺胺草醚的半衰期为 30 天,说明降解菌 FB5 对氟磺胺草醚有降解作用,并且减少了氟磺胺草醚在土壤中的残留时间,降解菌 FB5 的添加对土壤修复有着重要的作用。

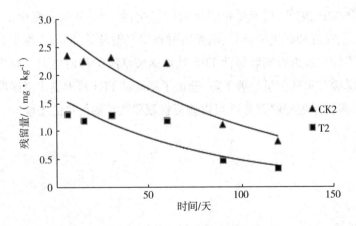

图 3 – 3　氟磺胺草醚消解曲线

3.3.2 降解菌 FB5 对土壤微生物群落的影响

3.3.2.1 降解菌 FB5 对土壤中真菌与细菌比值的影响

真菌与细菌比值可表明土壤微生物的稳定性。由图 3-4 可以看出降解菌 FB5 对土壤中真菌与细菌比值的影响。

在喷施第 1 天,4 种处理的真菌与细菌比值都在 0.3 ~ 0.4,这是正常土壤中真菌与细菌比值。喷施氟磺胺草醚后,真菌与细菌比值逐渐降低。在第 30 天真菌与细菌比值降到最低。

由图可知,降解菌 FB5 对真菌与细菌比值影响不大,说明降解菌 FB5 不影响土壤微生物群落。

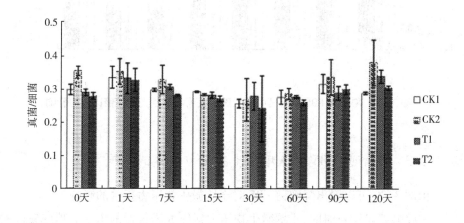

图 3-4 降解菌 FB5 对土壤中真菌与细菌比值的影响

3.3.2.2 降解菌 FB5 对土壤中革兰氏阴性菌与革兰氏阳性菌比值的影响

由图 3-5 可得知降解菌 FB5 对土壤中革兰氏阴性菌与革兰氏阳性菌比值的影响。

在未喷施氟磺胺草醚时,各处理的土壤中革兰氏阴性菌与革兰氏阳性菌比值均处于较低水平。喷施氟磺胺草醚第 1 天,由图可知,降解菌 B5 的添加对土壤中革兰氏阴性菌与革兰氏阳性菌比值影响不大,而氟磺胺草醚显著影响土壤中革兰氏阴性菌与革兰氏阳性菌比值。

随着时间延长,处理 T2 的土壤中革兰氏阴性菌与革兰氏阳性菌比值逐渐降低,在第 30 天降到最低,表明降解菌 FB5 对氟磺胺草醚有降解作用;处理 T1 的土壤中革兰氏阴性菌与革兰氏阳性菌比值变化不大,说明降解菌 FB5 对土壤微生物影响不大。

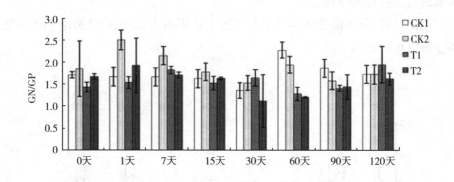

图 3 – 5   降解菌 FB5 对土壤中革兰氏阴性菌与革兰氏阳性菌比值的影响

3.3.2.3   降解菌 FB5 对土壤微生物压力指数的影响

由图 3 – 6 可以看出降解菌 FB5 对土壤微生物压力指数的影响。

未喷施氟磺胺草醚时,土壤微生物压力指数处于较低的水平。喷施氟磺胺草醚后,由图可知,降解菌 FB5 的添加对土壤微生物压力指数影响不大,但是氟磺胺草醚的喷施对土壤微生物压力指数影响较大。添加降解菌 FB5 并喷施氟磺胺草醚后,降解菌 FB5 会对氟磺胺草醚产生降解作用,从而改变土壤微生物压力指数。

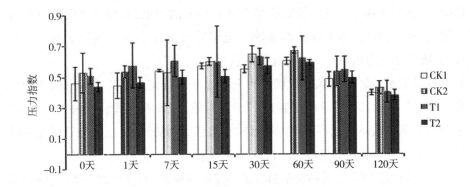

图 3-6　降解菌 FB5 对土壤微生物压力指数的影响

3.3.2.4　降解菌 FB5 对土壤微生物磷脂脂肪酸总量的影响

由图 3-7 可以看出土壤微生物磷脂脂肪酸总量的变化情况。

由图可知,降解菌 FB5 不会影响土壤微生物磷脂脂肪酸总量。

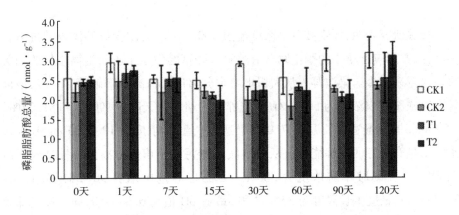

图 3-7　降解菌 FB5 对土壤微生物磷脂脂肪酸总量的影响

由于高效和低毒,氟磺胺草醚被广泛用于控制大豆和花生等油料作物中的阔叶杂草。然而,氟磺胺草醚在土壤中的残留期较长,如果使用不当,很容易对玉米和高粱等后续敏感作物造成不同程度的损害。因此,研究如何减少氟磺胺草醚在土壤中的残留,减少其对后续作物和环境的污染,具有重要的理论和现实意义。研究表明,微生物降解是减少氟磺胺草醚在土壤中残留量的主要途径,土壤修复成为国内外学者研究的热点之一。

本书主要对氟磺胺草醚降解菌的土壤修复进行初步研究。本书以笔者所在实验室分离的氟磺胺草醚降解菌 FB5 为对象,以玉米为试验植物,研究降解菌 FB5 对氟磺胺草醚的降解作用和其对土著微生物的影响,以期为氟磺胺草醚污染土壤的生物修复提供参考。试验结果如下:

(1)降解菌 FB5 对氟磺胺草醚具备一定的降解能力,在添加一周后,降解菌 FB5 对氟磺胺草醚的降解率达到 61.19%。添加降解菌 FB5 使土壤中氟磺胺草醚的半衰期减少。

(2)降解菌的存在不会对土壤中真菌与细菌比值产生影响。

(3)降解菌 FB5 对土壤中革兰氏阴性菌与阳性菌比值影响不大。

(4)降解菌 FB5 对土壤微生物压力指数的影响不大。

(5)降解菌 FB5 不会对土壤微生物磷脂脂肪酸总量产生影响。

3.4　讨论

相关研究表明,氟磺胺草醚浓度超过 $100\ \mu g/kg$ 会改变蚯蚓体内的抗氧化酶活性,并影响土壤中的微生物。有关氟磺胺草醚污染土壤的生物修复的相关报道也越来越多。梁波等人从大田土壤中分离出一株高效降解菌 ZB-1,该菌株在氟磺胺草醚浓度为 $50\ mg/L$ 的培养基中培养 7 天降解率可达到 81.32%,$20\sim30\ ℃$ 是其最适生长温度,7.0 是最适 pH 值,对浓度为 $10\sim200\ mg/L$ 的氟磺胺草醚有良好的降解能力。从氟磺胺草醚污染土壤中分离出一株高效降解菌 FB8,在氟磺胺草醚浓度为 $500\ mg/L$ 的培养基中培养 96 h 降解率高达86.75%,其最适生长温度为 $35\sim37\ ℃$,最适 pH 值为 $6.0\sim8.0$,同时该菌株处理土壤 30 天可以显著恢复敏感作物玉米和高粱的各项生物量指标,对氟磺胺草醚残留量为 $5\ mg/kg$ 的土壤修复效果明显。笔者所在实验室富集驯化并分离筛选出一株高效降解菌 FB5,经高效液相色谱分析发现,该菌株在含 $500\ mg/L$ 氟磺胺草醚的培养基中培养 84 h 降解率能够达到 86.13%。本书将降解菌施用在大田中,进行田间修复试验,验证了菌株 FB5 可以降解土壤中氟磺胺草醚。

本书利用磷脂脂肪酸测定研究施用降解菌 FB5 后土壤微生物群落的变化，为其生态环境安全性研究提供重要的理论依据。

3.5 小结

本书分别从氟磺胺草醚降解菌土壤生物修复和降解机理的两个方面展开试验，得到如下的结论：

（1）利用高效液相色谱连续监测氟磺胺草醚土壤残留量，发现降解菌 FB5 对氟磺胺草醚具备一定的降解能力，降解菌 FB5 在添加 7 天后，对氟磺胺草醚的降解率达到 61.19%。降解菌 FB5 使土壤中氟磺胺草醚的半衰期从 93 天减少到 30 天。

（2）测定土壤中的磷脂脂肪酸总量，明确降解菌 FB5 对土壤微生物的影响。真菌与细菌比值、革兰氏阴性菌与革兰氏阳性菌比值、压力指数以及磷脂脂肪酸总量的测定结果表明降解菌 FB5 处理组和对照组差异不显著，降解菌 FB5 对土壤微生物群落的影响较小。

参考文献

[1] 苏少泉. 长残留除草剂在土壤中的分解及其使用中带来的严重问题[J]. 今日农药, 2008(4): 24 – 26.

[2] 卢桂宁, 陶雪琴, 杨琛, 等. 土壤中有机农药的自然降解行为[J]. 土壤, 2006(2): 130 – 135.

[3] ROVIRA A D, MCDONALD H J. Effects of the herbicide chlorsulfuron on Rhizoctonia bare patch and take – all of barley and whea[J]. Plant Disease, 1986, 70: 879 – 882.

[4] REICHARD S L, SULC R M, RHODES L H, et al. Effects of herbicides on Sclerotinia crown and stem rot of alfalfa [J]. Plant Disease, 1997, 81 (7): 787 – 790.

[5] 王险峰, 关成宏, 辛明远. 我国长残效除草剂使用概况、问题及对策[J]. 农药, 2003(11): 5 – 9.

［6］宋凤鸣,郑重,葛起新. 氟乐灵等5种除草剂对棉花枯萎病发生及棉花抗病性的影响［J］. 植物保护学报,1992,19(3):257-260.

［7］陈立杰,刘惕若,李海燕,等. 除草剂对大豆幼苗根腐病及其土壤微生物的影响［J］. 大豆科学,1999,18(2):115-119.

［8］宋凤鸣,郑重. 除草剂对植物病害的影响及其机制［J］. 植物保护,1996,22(2):40-42.

［9］郭江峰,陆贻通,孙锦荷. 氟磺胺草醚在花生和大豆田中的残留动态［J］. 农业环境保护,2000,19(2):82-84.

［10］刘友香,王险峰. 氟磺胺草醚药害原因分析与处理［J］. 现代化农业,2010(12):8-9.

［11］朱聪,开美玲,丁先锋,等. pH对氟磺胺草醚水解的影响［J］. 农业环境科学学报,2007,26:204-206.

［12］陶波,李晓薇,韩玉军. 不同吸附剂对土壤中氟磺胺草醚吸附/解吸的影响［J］. 土壤通报,2010,41(4):965-969.

［13］戴树桂,宋文华,颜慧,等. 有机污染物生物降解途径控制反应的预测与优势菌选择模型的建立［J］. 环境化学,1998,17(6):547-553.

［14］HAGEDORN D J,BINNING L K. Herbicide suppression of bean root and hypocotyl rot in Wisconsin［J］. Plant Disease,1982,66:1187-1188.

［15］钞亚鹏,赵永芳,刘斌斌,等. 甲基营养菌WB-1甲胺磷降解酶的产生、部分纯化及性质［J］. 微生物学报,2000,40(5):523-527.

［16］阮少江,刘洁,王银善,等. 微生物酶催化甲胺磷降解机理初探［［J］. 武汉大学学报,2000,46(4):471-474.

［17］张宏军,崔海兰,周志强,等. 莠去津微生物降解的研究进展［J］. 农药学学报,2002,4(4):10-16.

［18］王保军,刘志培,杨慧芳. 单甲脒农药的微生物降解代谢研究［J］. 环境科学学报,1998,18(3):296-302.

［19］王永杰,李顺鹏,沈标,等. 有机磷农药广谱活性降解菌的分离及其生理特性研究［J］. 南京农业大学学报,1999,22(2):42-45.

［20］虞云龙,樊德方,陈鹤鑫. 农药微生物降解的研究现状与发展策略［J］. 环境科学进展,1996,4(3):28-36.

[21] 崔中立,李顺鹏. 化学农药的微生物降解及其机制[J]. 江苏环境科技, 1998(3):1-5.

[22] 石利利,林玉锁,徐亦钢,等. DLL-1菌对甲基对硫磷农药的降解作用及其降解机理[J]. 生态与农村环境学报,2002,18(3):26-29.

[23] 沈东升,徐向阳,冯孝善. 微生物共代谢在氯代有机物生物降解中的作用[J]. 环境科学,1994,15(4):84-87,96.

[24] 孔繁翔. 环境生物学[M]. 北京:高等教育出版社,2000.

[25] 陈文新. 土壤和环境微生物学[M]. 北京:北京农业大学出版社,1990.

[26] 王伟东,牛俊玲,崔宗均. 农药的微生物降解综述[J]. 黑龙江八一农垦大学学报,2005,17(2):18-22.

[27] FULTHORPE R R,RHODES A N,TIEDJE J M. Pristine soils mineralize 3-chlorobenzoate and 2,4-dichlorophenoxyacetate via different microbial populations [J]. Applied and Environmental Microbiology, 1996, 62 (4): 1159-1166.

[28] 李顺鹏,蒋建东. 农药污染土壤的微生物修复研究进展[J]. 土壤,2004,36(6):577-583.

[29] DEHMEL U,ENGESSER K H,TIMMIS K N,et al. Cloning, nucleotide sequence, and expression of the gene encoding a novel dioxygenase involved in metabolism of carboxydiphenyl ethers in *Pseudomonas pseudoalcaligenes* POB310[J]. Archives of Microbiology,1995,163(1):35-41.

[30] CüNEYT M S,DAVID T G. Enzymatic hydrolysis of organophosphates:cloning and expression of a parathion hydrolas gene from *Pseudomonas diminuta*[J]. Nature Biotechnology,1985,3:567-571.

[31] 崔中利,张瑞福,何健,等. 对硝基苯酚降解菌P3的分离、降解特性及基因工程菌的构建[J]. 微生物学报,2002,42(1):19-26.

[32] MULBRY W,KEARNEY P C. Degradation of pesticides by micro-organisms and the potential for genetic manipulation [J]. Crop Protection, 1991, 10: 334-346.

[33] CHAUDHRY G R,ALI A N,WHEELER W B. Isolation of a methyl parathion-degrading *Pseudomonas* sp. that possesses DNA homologous to the opd gene

from a *Flavobacterium* sp. [J]. Appl Environ Microbiol, 1988, 54（2）:288－293.

[34]刘智,洪青,徐剑宏,等. 甲基对硫磷水解酶基因的克隆与融合表达[J]. 遗传学报,2003,30(10):1020－1026.

[35]MASAHITO H, MOTOKO H, TADAHIRO N. Involvement of two plasmids in the degradation of carbaryl by *Arthrobacter* sp. *strain* RC100[J]. Appl Environ Microbiol,1999,65(3):1015－1019.

[36]MULBRY W W, KARNS J S. Parathion hydrolase specified by the *Flavobacterium* opd gene:relationship between the gene and protein[J]. Journal of Bacteriology,1989,171(12):6740－6746.

[37]BOUNDY－MILLS K L, DE SOUZA M L, MANDELBAUM R T. The *atzB* gene of *Pseudomonas* sp. *strain* ADP encodes the second enzyme of a novel atrazine degradation pathway[J]. Appl Environ Microbiol,1997,63(3):916－923.

[38]BOYLE D, WIESNER C, RICHARDSON A. Factors affecting the degradation of polyaromatic hydrocarbons in soil by white－rot fungi[J]. Soil Biology & Biochemistry,1998,30(7):873－882.

[39]VIDAVER A K. Prospects for control of phytopathogenic bacteria by bacteriophage and bacteriocins [J]. Annual Review of Phytopathology, 1976, 24:451－465.

[40]安霞. 微生物在生物防治和土壤修复中的研究进展[J]. 齐鲁师范学院学报,2011(5):136－139.

[41]金志刚,张彤,朱怀兰. 污染物生物降解[M]. 上海:华东理工大学出版社,1997.

[42]滕春红,苏少泉. 除草剂在土壤中的微生物降解及污染土壤的生物修复[J]. 农药,2006,45(8):505－507.

[43]滕春红,陶波,赵世君. 高效降解真菌对大豆田除草剂氯嘧磺隆的降解特性研究[J]. 大豆科学,2006,25(1):58－61.

[44]董春香,姜桂兰. 除草剂阿特拉津生物降解研究进展[J]. 环境污染治理技术与设备,2001,2(3):1－60.

[45]WACKETT L P, SADOWSKY M J, MARTINEZ B, et al. Biodegradation of

Atrazine and related s – triazine compounds:from enzymes to field studies[J].
Applied Microbiology and Biotechnology,2002,58(1):39 – 45.

[46]苏少泉. 长残留除草剂对后茬作物安全性问题[J]. 农药,1998,37(12):
4 – 7.

[47]林玉锁. 土壤中农药生物修复技术研究[J]. 农业环境科学学报,2007,26
(2):533 – 537.

[48]王学东,欧晓明,王慧利,等. 除草剂咪唑烟酸高效降解菌的筛选及其降解
性能的研究[J]. 农业环境科学学报,2003,22(1):102 – 105.

[49]王学东,欧晓明,王慧利,等. 咪唑烟酸高效降解菌的降解特性[J]. 中国环
境科学,2003,23(1):21 – 24.

[50]闫春秀,赵长山,刘亚光. 微生物降解长残效除草剂的研究进展[J]. 东北
农业大学学报,2005,36(5):650 – 654.

[51]LIANG B,LU P,LI H H,et al. Biodegradation of fomesafen by strain *Lysiniba-cillus* sp. ZB – 1 isolated from soil [J]. Chemosphere, 2009, 77 (11):
1614 – 1619.

[52]吴秋彩,刘艳,王晓萍. 氟磺胺草醚降解菌 F – 12 的分离鉴定及降解特性研
究[J]. 中国农学通报,2012,28(12):216 – 222.

[53]杨峰山,刘亮,刘春光,等. 除草剂氟磺胺草醚降解菌 FB8 的分离鉴定与土
壤修复[J]. 微生物学报,2011,51(9):1232 – 1239.

[54]张清明. 氟磺胺草醚降解菌 BX3 的分离、鉴定与降解特性研究[J]. 华北
农学报,2013,28(3):199 – 203.

[55]李阳,孙庆元,宗娟,等. 一株降解氟磺胺草醚的黑曲霉菌特性[J]. 农药,
2009,48(12):878 – 880,882.

[56]战徊旭,任洪雷,蒋凌雪,等. 氟磺胺草醚降解菌的分离鉴定及生长特性研
究[J]. 作物杂志,2011(2):40 – 44.

[57]过戍吉. 氟磺胺草醚除草剂产品登记近年升高[J]. 农药市场信息,2006
(6):23.

[58]刘刚. 氟磺胺草醚原药最新登记情况[J]. 农药市场信息,2010(2):27.

[59]卢向阳,徐筠. 氟磺胺草醚对作物的药害及解决措施[J]. 农药,2006,45
(5):350 – 352.

[60] ZELLES L, BAI Q Y. Fractionation of fatty acids derived from soil lipids by solid phase extraction and their quantitative analysis by GC – MS[J]. Soil Biol Biochem,1993,25(4):495 – 507.

[61] MERROSH T L,SIMS G K,STOLLER E W. Clomazone fate in soil as affected by microbial activity,temperature,and soil moisture[J]. Journal of Agricultural and Food Chemistry,1995,43(2):537 – 543.

[62] 洪源范,洪青,沈雨佳,等. 甲氰菊酯降解菌 *Sphingomonas* sp. JQL4 – 5 对污染土壤的生物修复[J]. 环境科学,2007,28(5):1121 – 1125.

4 黑土表层中阿特拉津残留动态及其对土壤微生物群落的影响

4.1 概述

4.1.1 阿特拉津残留动态的检测技术

除草剂残留动态是指除草剂本身及其代谢产物在施用后随时间变化在生物体和环境中的变化和发展。

随着人民生活水平的不断提高,农作物的安全问题已经引起关注。首要任务是做好土壤除草剂残留的检测和防治。

气相色谱法是以惰性气体为流动相的柱色谱法,是一种物理分离方法。它将气化样品与载气一起进入色谱柱。分离后,样品的每个成分依次进入检测器,放大的离子流信号在记录仪上描绘了每个成分的色谱峰。目前,气相色谱法已广泛应用于除草剂残留的检测和研究。

高效液相色谱法是一种常用的分析方法,解决了热稳定性差及样品难于气化的问题。流动相通过高压泵入固定相,组分在色谱柱中分离,由检测器检测,从而实现样品分析。

气相色谱-质谱法(GC-MS)将气相色谱和质谱结合起来,是一项创新技术。气相色谱法可使样品气化,满足样品进入质谱的要求。气相色谱-质谱法具有灵敏度高、分析速度快、识别能力强的特点,适用于混合物中未知组分的定性和定量分析,可为样品提供结构信息。

液相色谱-质谱法是继气相色谱-质谱法的又一创新,它以液相色谱为分离系统,质谱为检测系统。它弥补了气相色谱-质谱法不能分离不稳定、难挥发物质的缺陷,结合质谱仪强大的组分识别能力,是分离复杂有机混合物的有效手段。该法可用于分析对热不稳定、分子质量较大、难用气相色谱-质谱法分析的除草剂,具有检测灵敏度高、选择性好、定性定量同时进行、结果可靠等优点。

毛细管电泳是常规检测除草剂残留的重要方法。该方法以高压电场为驱动力,以毛细管为分离通道,依据样品中各组分的差异实现分离。它具有所需样品量少、分离速度快、选择性高、分析速度快、试剂消耗少等优点,发展迅速。

从成本角度看,毛细管柱比高效液相色谱柱或气相色谱柱更经济。

4.1.2 阿特拉津对土壤微生物群落影响研究进展

阿特拉津是一种常用除草剂,其残留在环境中是一种持久性有毒有机污染物,由于性质稳定、半衰期长,阿特拉津在土壤环境残留量较高。土壤中的阿特拉津在淋溶、地表径流等作用下进入水环境中,会在沉积物的吸附作用下固定于沉积物中。

微生物在土壤生态系统的物质循环和土壤肥力的形成中起着重要作用。同时,微生物在降解土壤中的除草剂和其他有害物质方面也起着重要作用。研究表明,阿特拉津对土壤中的微生物有毒性作用。施用 10 倍于推荐剂量的阿特拉津会降低土壤中的细菌生物量,增加真菌生物量,并增加真菌与细菌比值;阿特拉津和甲磺隆对土壤碳、氮和微生物生物量有显著的降低作用,但随着培养时间的延长而恢复。长期反复施用阿特拉津后,土壤中阿特拉津的降解作用会加剧,降解率的提高与土壤中微生物的活动密切相关。进一步的研究表明,微生物可以使用除草剂作为生长基质。研究人员已从水体沉积物中分离出多种阿特拉津降解菌株,并观察到微生物可将阿特拉津用作唯一的碳源。作物轮作通常在农业中实施,随着时间的推移,通常不会使用相同的除草剂。因此,研究短期连续使用阿特拉津后土壤微生物群落的变化,对农业生产和环境修复具有重要意义。然而,短期施用阿特拉津后,阿特拉津残留与土壤微生物群落结构之间的关系研究较少,有必要研究阿特拉津残留及其与土壤微生物功能多样性和群落结构的关系。

目前大多数研究都是盆栽试验,使用的阿特拉津剂量高于或低于实际使用剂量。本书根据东北黑土的实际耕作条件,评价了耕作期黑土施用阿特拉津后除草剂残留、土壤酶活性和微生物多样性的动态响应,旨在揭示阿特拉津对土壤微生物的影响,并为进一步研究阿特拉津的合理使用和环境治理提供参考。

4.2 阿特拉津在土壤中的残留动态

4.2.1 材料与方法

4.2.1.1 材料、试剂与仪器

(1)土壤样品

土壤样品采自于黑龙江省哈尔滨市呼兰区试验田。每个小区 25 m²(最小面积),2 垄保护行,小区间隔 0.5 m,按照农药推荐量(315~395 克/亩)进行喷施,采用五点取样法,去除表层土后,采集 0~10 cm 耕作层土壤,剔除石砾和植物残体等杂物,过 40 目、60 目筛,于 4 ℃中保存备用。具体取样时间及处理见表 4-1。

表 4-1　土壤样品采集时间及处理

取样时间	处理
第一年 0 天	取空白对照土样,处理,检测
第一年 1 天	喷施除草剂,取样,处理,检测
第一年 22 天	取样,处理,检测
第一年 59 天	取样,处理,检测
第一年 90 天	取样,处理,检测
第一年 123 天	取样,处理,检测
第一年 151 天	取样,处理,检测
第二年 0 天	取空白对照土样,处理,检测
第二年 1 天	喷施除草剂,取样,处理,检测
第二年 7 天	取样,处理,检测
第二年 15 天	取样,处理,检测

续表

取样时间	处理
第二年 61 天	取样,处理,检测
第二年 33 天	取样,处理,检测
第二年 97 天	取样,处理,检测
第二年 121 天	取样,处理,检测
第二年 151 天	取样,处理,检测

（2）主要试剂

主要试剂见表 4－2。

表 4－2　主要试剂

名称	类别
90% 阿特拉津粒剂	分析纯
阿特拉津标准样品	分析纯
正己烷	色谱纯
丙酮	分析纯
甲醇	色谱纯

（3）主要仪器

主要仪器见表 4－3。

表 4 – 3　主要仪器

名称	型号
高压蒸汽灭菌锅	MLS – 3020
超声波清洗器	HS3120
高速冷冻离心机	CF16RX Ⅱ
振荡混合机	VORTEX – 5
电子天平	AB104 – N
高效液相色谱分析仪	CBM – 102
高效液相色谱检测器	SPD – 10AVP
高效液相色谱高压泵	LC – 10ATVP
循环水式多用真空泵	SHB – Ⅲ
氮吹仪	HGC – 36A

(4)土壤样品理化性质

土壤样品理化性质见表 4 – 4。

表 4 – 4　土壤样品理化性质

有机物质/ $(g \cdot kg^{-1})$	全钾含量/ $(g \cdot kg^{-1})$	全氮含量/ $(g \cdot kg^{-1})$	全磷含量/ $(g \cdot kg^{-1})$	田间最大持水量/%	pH	黏粒/%	粉粒/%	砂粒/%
31.2	18.77	1.67	0.54	18.31	6.27	34.26	27.31	38.43

4.2.1.2　土壤中阿特拉津的残留动态的测定

(1)试验方法设计

出峰浓度在 50 ~ 100 mg/L 区间范围,取 90% 的白色固体阿特拉津 0.042 2 g,定容至 100 mL,取 1.5 mL 使用。500 μL 加入 1 号样品中,另 1 000 μL 等量加入 2 号、3 号样品中,4 号、5 号和 6 号样品为空白对照。

（2）样品预处理及净化

将土壤样品充分混匀，室内阴干，过筛。土壤样品和硅藻土质量分别为 5 g 和 2 g，置于 50 mL 离心管中，搅拌均匀后，加入 20 mL 正己烷和丙酮混合溶剂（1:1），超声提取 5 min，离心，5 000 r/min，5 min；上清液用氮气彻底吹干，甲醇定容，超声溶解，过有机滤膜，置于离心管中 −20 ℃保存待测。

（3）高效液相色谱检测

色谱柱：4.6 mm×250 mm×5 μm。

进样量：20 μL。

柱温：室温。

检测波长：220 nm。

流动相：甲醇: 水 =4:1。

流速：0.8 mL/min。

出峰时间：6.2 min。

（4）绘制标准曲线

用甲醇溶解阿特拉津标准品，配制成 4 000 mg/L 母液，稀释成 25 mg/L、50 mg/L、100 mg/L、150 mg/L 和 200 mg/L 共 5 个浓度，高效液相色谱测定。以浓度为横坐标，以峰面积为纵坐标，绘制标准曲线，建立线性方程。

土壤样品经甲醇溶液萃取，测得阿特拉津峰面积，根据线性方程计算阿特拉津的浓度和回收率。

$$回收率（\%） =（实测浓度/添加浓度）×100\%$$

4.2.2　结果与分析

4.2.2.1　回收率

阿特拉津标准曲线见图 4 − 1。线性方程 $y = 248\ 722x + 895\ 396$，$R^2 = 0.999$。

阿特拉津回收率为 91.28%~92.52%，见表 4 −5。

结果表明方法可行，继而对土壤样品进行处理和检测。

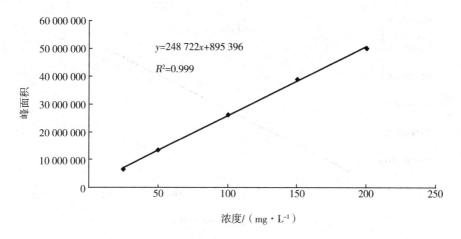

图 4 - 1　高效液相色谱测定的阿特拉津标准曲线

表 4 - 5　土壤中阿特拉津的回收率

样品	回收率/%
1 号	91.34
2 号	92.52
3 号	91.28

4.2.2.2　土壤中阿特拉津的残留动态

根据线性方程(见图 4 - 2、图 4 - 3)进行阿特拉津残留量的计算,并以采集样品时间为横坐标,以土壤中残留量为纵坐标,绘制阿特拉津在黑土中的残留动态图(图 4 - 3 和图 4 - 5)。

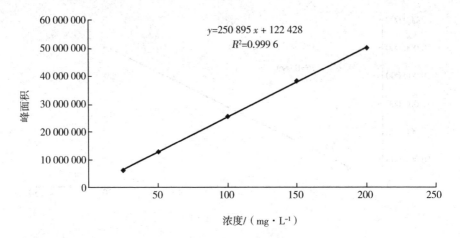

$y=250\ 895\ x + 122\ 428$

$R^2=0.999\ 6$

图 4－2　第一年阿特拉津标准曲线

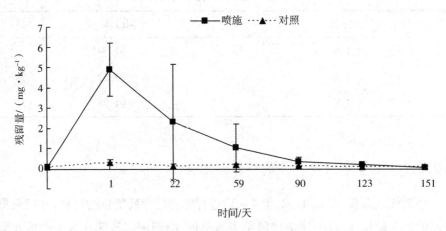

图 4－3　第一年阿特拉津残留动态

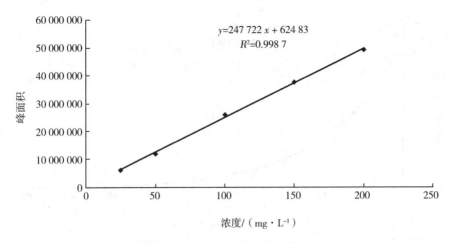

$y=247\ 722\ x + 624\ 83$
$R^2=0.998\ 7$

图4-4　第二年阿特拉津标准曲线

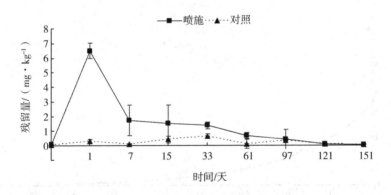

图4-5　第二年阿特拉津残留动态

　　从图4-3和图4-5可以看出,随着时间的延长,黑土中的阿特拉津残留量由4.913 mg/kg(第一年第1天)和6.501 mg/kg(第二年第1天)分别降至降到0.110 mg/kg(第一年第151天)和0.092 mg/kg(第二年第151天)。根据图4-6和图4-7阿特拉津消解曲线可分别算出,第一年的半衰期为37天,第二年的半衰期为38天,基本符合在环境中的消解动态规律。此外,与第一年第151天阿特拉津残留量0.110 mg/kg相比,第二年151天时阿特拉津残留量度0.092 mg/kg下降了16.36%。

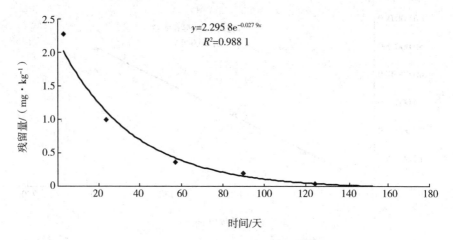

$$y=2.295\,8e^{-0.027\,9x}$$
$$R^2=0.988\,1$$

时间/天

图 4-6   第一年阿特拉津消解曲线

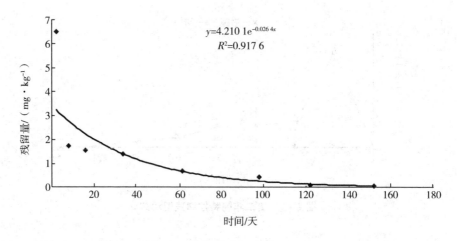

$$y=4.210\,1e^{-0.026\,4x}$$
$$R^2=0.917\,6$$

时间/天

图 4-7   第二年阿特拉津消解曲线

本书从试验田连续两年采集土壤样品,采取高效液相色谱检测法,对黑土样品进行阿特拉津残留量的检测。

首先进行试验方法的设计,确定了回收率测定的添加量,经摸索确定了方法过程,阿特拉津回收率为 91.28%~92.52%,说明方法可行,继而对试验田所取土壤样品展开阿特拉津的残留量检测。

由喷施不同时期所测得的阿特拉津残留量可以看出,阿特拉津在土壤中的存留时间较长,随着时间的延长,土壤中的阿特拉津残留量呈现减少的趋势。根据阿特拉津半衰期的方程得出,在第一年的 37 天和第二年的 38 天,土壤样品中阿特拉津的残留量为喷施初期的一半,基本符合在环境中的消解动态规律。

4.3　阿特拉津对土壤酶活性的影响

土壤中的多种酶来源于土壤微生物和植物的生命活动。土壤酶分为胞内酶和胞外酶,对土壤肥力起着至关重要的作用。土壤酶活性在小范围内发挥着重要作用,反映了土壤中的各种生化过程,因此,它成为评价土壤肥力的重要指标。通过研究土壤中的酶,可以预测土壤生态系统是否能够自我平衡生化过程,了解土壤肥力、土壤健康状况和发展趋势,从而更好地指导农业实践或及时采取预防潜在影响的措施,因此,以土壤酶活性作为土壤肥力的指标,已受到国内外学者的重视。

4.3.1　材料与方法

4.3.1.1　材料、试剂与仪器

(1)土壤样品

土壤样品采自于黑龙江省哈尔滨市呼兰区试验田,每个小区 25 m²(最小面积),2 垄保护行,小区间隔 0.5 m,按照推荐量(315～395 克/亩)喷施,采用五点取样法,去除表层土后,采集 0～10 cm 耕作层土壤,剔除石砾和植物残体等杂物,过 40 目、60 目筛,于 4 ℃中保存备用。土壤样品采集时间及处理见表 4-6。

表 4-6　土壤样品采集时间及处理

取样时间	处理
第一年 0 天	取空白对照土样,处理,检测
第一年 1 天	喷施除草剂,取样,处理,检测
第一年 22 天	取样,处理,检测
第一年 59 天	取样,处理,检测
第一年 90 天	取样,处理,检测
第一年 123 天	取样,处理,检测
第一年 151 天	取样,处理,检测
第二年 0 天	取空白对照土样,处理,检测
第二年 1 天	喷施除草剂,取样,处理,检测
第二年 7 天	取样,处理,检测
第二年 15 天	取样,处理,检测
第二年 33 天	取样,处理,检测
第二年 61 天	取样,处理,检测
第二年 97 天	取样,处理,检测
第二年 121 天	取样,处理,检测
第二年 151 天	取样,处理,检测

（2）主要试剂

主要试剂见表 4-7。

表 4 - 7　主要试剂

名称	类别
蔗糖	分析纯
磷酸氢二钠	分析纯
磷酸二氢钾	分析纯
甲苯	分析纯
氢氧化钠	分析纯
酒石酸钾钠	分析纯
3,5 - 二硝基水杨酸	分析纯
苯酚	分析纯
葡萄糖	分析纯
羧甲基纤维素钠	分析纯
乙醇	分析纯
乙酸	分析纯
乙酸钠	分析纯
尿素	分析纯
柠檬酸	分析纯
氢氧化钾	分析纯
丙酮	分析纯
次氯酸钠	分析纯
硫酸铵	分析纯

（3）主要仪器

主要仪器见表 4 - 8。

表 4-8　主要仪器

名称	型号
振荡混合机	VORTEX-5
电子天平	AB104-N
电热恒温培养箱	DNP-9162
电热恒温水浴锅	HH-S11
紫外可见分光光度计	TU-1810

4.3.1.2　土壤蔗糖酶活性的测定

在土壤蔗糖酶的作用下蔗糖分解生成葡萄糖,葡萄糖和 3,5-二硝基水杨酸反应生成橙黄色的 3-氨基-5-硝基水杨酸,并在 508 nm 波长处有最大 OD 值。

(1)主要溶液的制备

①8% 蔗糖。

②磷酸缓冲液(pH=5.5):1/15 mol/L 磷酸氢二钠 0.5 mL,1/15 mol/L 磷酸二氢钾 9.5 mL。

③甲苯。

④DNS 试剂:酒石酸钾钠 18.2 g 溶于 50 mL 蒸馏水中,加热,加入 2.1 g 氢氧化钠、0.03 g 3,5-二硝基水杨酸、0.5 g 苯酚,溶解,冷却后用蒸馏水定容至 100 mL,于棕色瓶中室温保存。

⑤葡萄糖标准液(1 mg/mL):称取烘干的葡萄糖 0.05 g,蒸馏水定容至 50 mL。

(2)标准曲线绘制

分别吸 1 mg/mL 葡萄糖标准液 0 mL、0.1 mL、0.2 mL、0.3 mL、0.4 mL、0.5 mL 于试管中,加蒸馏水至 1 mL,加 DNS 试剂 3 mL 混匀,在沸水浴中反应 5 min,取出立即于冷水溶中冷却至室温,以空白管调零,于 508 nm 波长处测 OD 值,以 OD_{508} 为纵坐标、葡萄糖标准液浓度为横坐标绘制标准曲线。

（3）土壤蔗糖酶活性测定

称取 5 g 土壤于 50 mL 三角瓶中，加入 15 mL 8% 蔗糖、5 mL 磷酸缓冲液（pH = 5.5）和 5 滴甲苯。摇匀后，37 ℃ 恒温培养 24 h。取出过滤，吸取 1 mL 滤液注入 50 mL 三角瓶中，加 3 mL DNS 试剂。沸水加热 5 min，将容量瓶移至自来水流下冷却 3 min。溶液因生成 3 – 氨基 – 5 – 硝基水杨酸而显现橙黄色，最后以蒸馏水稀释至刻度，在 508 nm 处测定 OD 值。每一土样需设置无基质对照，试验需设置无土对照。

（4）结果计算

蔗糖酶活性以 24 h 后 1 g 土壤样品中生成的葡萄糖质量（mg）表示。

$$蔗糖酶活性 = (m_{样品} - m_{无土} - m_{无基质}) \times n/m$$

式中：$m_{样品}$ 为根据土壤样品的 OD_{508} 及标准曲线求得的相应葡萄糖质量；

$m_{无土}$ 为根据无土对照的 OD_{508} 及标准曲线求得的相应葡萄糖质量；

$m_{无基质}$ 为根据无基质对照的 OD_{508} 及标准曲线求得的相应葡萄糖质量；

n 为分取倍数；

m 为烘干土壤样品的质量。

4.3.1.3　土壤纤维素酶活性的测定

（1）主要溶液的制备

①甲苯。

②1% 羧甲基纤维素溶液：1 g 羧甲基纤维素钠，50% 乙醇定至 100 mL。

③乙酸盐缓冲液（pH = 5.5）：0.2 mol/L 乙酸溶液 11 mL，加 0.2 mol/L 乙酸钠溶液 88 mL。

④DNS 试剂：酒石酸钾钠 18.2 g，溶于 50 mL 蒸馏水中；依次加入 2.1 g 氢氧化钠、0.03 g 3,5 – 二硝基水杨酸、0.5 g 苯酚，溶解冷却后用蒸馏水定容至 100 mL，于棕色瓶中室温保存。

⑤葡萄糖标准液（1 mg/mL）：称取烘干的葡萄糖 0.05 g，蒸馏水定容至 50 mL。

（2）标准曲线绘制

吸取 1 mg/mL 葡萄糖标准液 0 mL、0.1 mL、0.2 mL、0.4 mL、0.6 mL、0.8 mL 于试管中，补加蒸馏水至 1 mL，加 DNS 试剂 3 mL 混匀，在沸水浴中反应

5 min,冷水浴中冷却至室温,于 540 nm 处测 OD 值,以 OD_{540} 为纵坐标、葡萄糖标准液浓度为横坐标,绘制标准曲线。

（3）土壤纤维素酶活性测定

称取 5 g 土壤于 50 mL 三角瓶中,加入 0.75 mL 甲苯。摇匀后放置 15 min,加 15 mL 1% 羧甲基纤维素溶液和 5 mL 乙酸盐缓冲液（pH = 5.5）,37 ℃恒温培养 72 h。取出过滤。吸取 1 mL 滤液注入 50 mL 容量瓶中,加 3 mL DNS 试剂。沸水加热 5 min,将容量瓶移至自来水流下冷却 3 min。溶液生成 3 - 氨基 - 5 - 硝基水杨酸而显现橙黄色,以蒸馏水稀释至刻度,于 540 nm 处测定 OD 值。

（4）结果计算

纤维素酶活性以 72 h 后 1 g 土壤样品中生成的葡萄糖质量（mg）表示。

$$纤维素酶活性 = (m_{样品} - m_{无土} - m_{无基质}) \times n/m$$

式中：$m_{样品}$ 为根据土壤样品的 OD_{540} 及标准曲线求得的相应葡萄糖质量；

$m_{无土}$ 为根据无土对照的 OD_{540} 及标准曲线求得的相应葡萄糖质量；

$m_{无基质}$ 为根据无基质对照的 OD_{540} 及标准曲线求得的相应葡萄糖质量；

n 为分取倍数；

m 为烘干土壤样品的质量。

4.3.1.4　土壤脲酶活性的测定

（1）主要溶液的配制

①甲苯。

②10% 尿素溶液：10 g 尿素,用蒸馏水定至 100 mL。

③柠檬酸盐缓冲液（pH = 6.7）：分别将 184 g 柠檬酸和 147.5 g 氢氧化钾溶于蒸馏水,合并,调 pH 值至 6.7,定容至 1 L。

④苯酚钠溶液（1.35 mol/L）：62.5 g 苯酚溶于少量乙醇,加 2 mL 甲醇和 18.5 mL 丙酮,用乙醇稀释至 100 mL,为 A 液。27 g 氢氧化钠溶于 100 mL 水,为 B 液。将 A 液、B 液保存在冰箱中。使用前取 A 液、B 液各 20 mL 混合,用蒸馏水稀释至 100 mL。

⑤次氯酸钠溶液：蒸馏水稀释次氯酸钠至活性氯浓度为 0.9%。

⑥氮工作液：称取 0.471 7 g 硫酸铵,以蒸馏水稀释至 1 L,得到 0.1 mg/mL 氮标准液；再将此液稀释 10 倍,制得 0.01 mg/mL 氮工作液。

（2）标准曲线绘制

取 0 mL、1 mL、3 mL、5 mL、7 mL、9 mL、11 mL、13 mL 氮工作液，于 50 mL 容量瓶中，补加蒸馏水至 20 mL。加入 4 mL 苯酚钠溶液和 3 mL 次氯酸钠溶液，边加边摇匀。20 min 后显色，以蒸馏水定容。1 h 内于 578 nm 波长处测 OD 值。以 OD_{578} 为纵坐标，以氮工作液浓度为横坐标，绘制标准曲线。

（3）土壤脲酶活性测定

称取 5 g 土壤样品于 50 mL 三角瓶中，加 500 μL 甲苯，振荡均匀。15 min 后加 5 mL 10% 尿素溶液和 10 mL 柠檬酸盐缓冲液（pH = 6.7），摇匀后，37 ℃恒温培养 24 h。取出，迅速过滤。吸取 1 mL 滤液加入 50 mL 容量瓶中，加 4 mL 苯酚钠溶液和 3 mL 次氯酸钠溶液，边加边摇匀。20 min 后显色，以蒸馏水定容。1 h 内于 578 nm 波长处测 OD 值。

以 24 h 后 1 g 土壤样品中硫酸铵的质量（mg）表示土壤脲酶活性，按照以下公式计算：

$$脲酶活性 = (m_{样品} - m_{无土} - m_{无基质}) \times V \times n/m$$

式中：$m_{样品}$ 为根据土壤样品的 OD_{578} 及标准曲线求得的相应硫酸铵的质量；

$m_{无土}$ 为根据无土对照的 OD_{578} 及标准曲线求得的相应硫酸铵的质量；

$m_{无基质}$ 为根据无基质对照的 OD_{578} 及标准曲线求得的相应硫酸铵的质量；

V 为显色液体积；

n 为分取倍数，即浸出液体积比吸取滤液的体积；

m 为烘干土壤样品质量。

4.3.2　结果与分析

4.3.2.1　土壤蔗糖酶活性

根据标准曲线（图 4-8 和图 4-10）进行计算。以时间为横坐标，以土壤蔗糖酶活性土壤为纵坐标，得出第一年和第二年阿特拉津残留对土壤酶活性的影响，见图 4-9 和图 4-11。

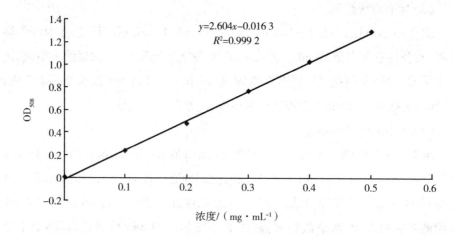

图 4-8 第一年标准曲线

由图 4-9 可以看出,在第一年第 0 天时,喷施区土壤蔗糖酶活性为 34.12 mg/g,对照区土壤蔗糖酶活性为 34.22 mg/g;第 1 天时,喷施区土壤蔗糖酶活性为 20.41 mg/g,对照区土壤蔗糖酶活性为 19.51 mg/g;第 151 天时,喷施区土壤蔗糖酶活性为 19.77 mg/g,喷施区土壤蔗糖酶活性为 19.85 mg/g,差异均不显著。

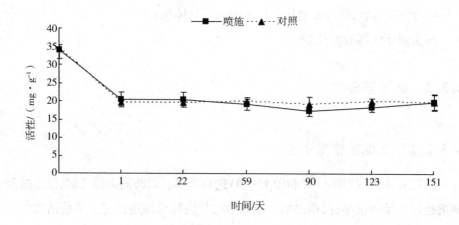

图 4-9 第一年土壤蔗糖酶活性变化

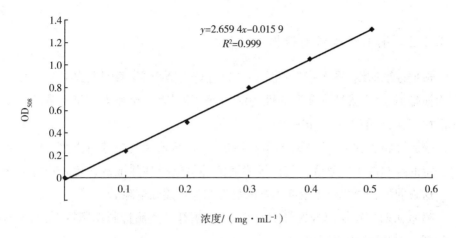

图 4 - 10　第二年标准曲线

由图 4 - 11 可以看出,在第二年第 0 天时,对照区土壤蔗糖酶活性为 29.77 mg/kg,对照区土壤蔗糖酶活性为 33.03 mg/g;第 7 天时,喷施区土壤蔗糖酶活性为 19.50 mg/g,对照区土壤蔗糖酶活性为 19.13 mg/g;第 151 天时,喷施区土壤蔗糖酶活性为 19.35 mg/g,对照区土壤蔗糖酶活性为 19.43 mg/g。从具体数据可分析出,无论是第一年还是第二年,阿特拉津喷施区与对照区土壤蔗糖酶活性没有显著差异,说明阿特拉津对土壤蔗糖酶影响不大。

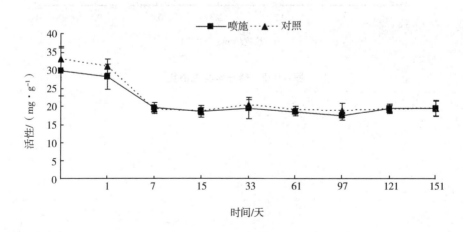

图 4 - 11　第二年土壤蔗糖酶活性变化

4.3.2.2 土壤纤维素酶活性

根据标准曲线(图4-12和图4-14)进行土壤纤维素酶活性的计算。以时间为横坐标,以土壤纤维素酶活性为纵坐标,得到第一年和第二年土壤纤维素酶活性变化,见图4-13和图4-14。

喷施阿特拉津后,土壤纤维素酶活性下降,说明阿特拉津对土壤纤维素酶有一定的抑制作用。随后土壤纤维素酶活性缓慢提高并维持在比较稳定的水平。这表明阿特拉津对土壤纤维素酶的抑制作用逐渐解除。

喷施初期阿特拉津残留量相对高,对土壤纤维素酶抑制作用较强,随着时间的延长,抑制作用逐渐减弱。

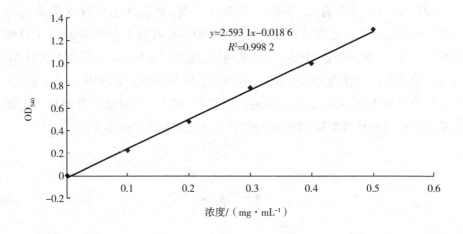

图4-12　第一年标准曲线

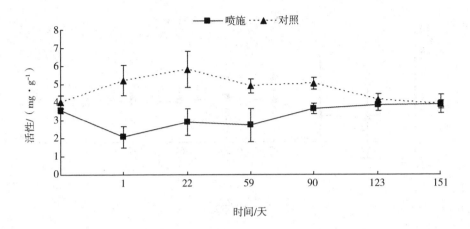

图 4 – 13　第一年土壤纤维素酶活性变化

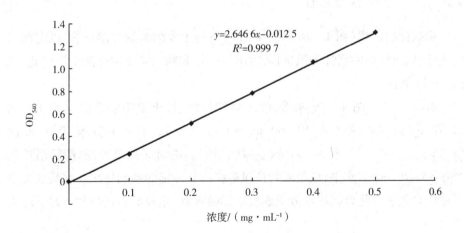

图 4 – 14　第二年标准曲线

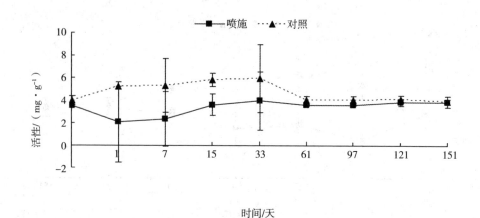

图 4 – 15　第二年土壤纤维素酶活性变化

4.3.2.3　土壤脲酶活性

根据标准曲线(图 4 – 16 和图 4 – 18)进行土壤脲酶活性的计算,以时间为横坐标,以土壤脲酶活性为纵坐标,得出第一年和第二年土壤脲酶活性变化,见图 4 – 17 和图 4 – 19。

由图 4 – 17、图 4 – 19 来看,喷施阿特拉津后,土壤脲酶活性由第 0 天的 82.62 mg/g(第一年) 和 81.60 mg/g(第二年),分别下降至第 1 天的 58.26 mg/g(第一年)和 57.78 mg/g(第二年)。随时间的延长,脲酶的活性仍处在 55 ~ 65 mg/g 水平,说明阿特拉津对脲酶有一定的抑制作用。脲酶能促进土壤中含氮有机化合物尿素分子酰胺肽键的水解,生成的氨是植物氮素营养来源之一。

该结果表明阿特拉津能够影响土壤中氮的转化,特别是喷施初期阿特拉津浓度相对较高,对土壤脲酶活性影响较大,且在短期内回复性较低。

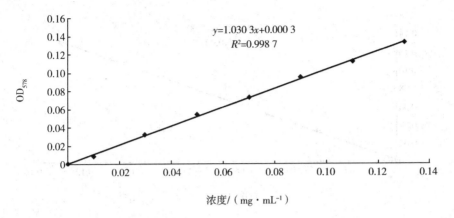

图 4 – 16　第一年标准曲线

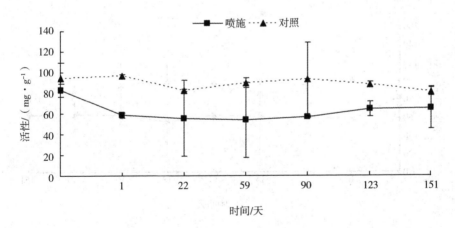

图 4 – 17　第一年土壤脲酶活性变化

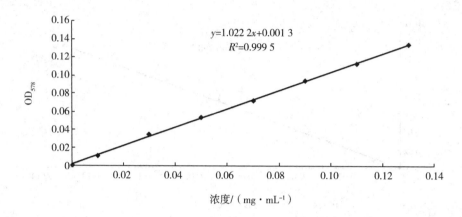

图 4 - 18　第二年脲酶标准曲线

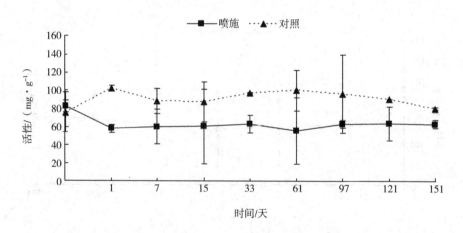

图 4 - 19　第二年土壤脲酶活性变化

　　本书在黑龙江省哈尔滨市呼兰区试验田连续两年采集土壤样品。采用 3,5 - 二硝基水杨酸比色法和靛酚蓝比色法,测定了黑土中蔗糖酶、纤维素酶和脲酶的活性。

　　土壤中阿特拉津残留对土壤蔗糖酶无影响,其原因可能是土壤蔗糖酶基本不受土壤微生物生长增殖的影响。阿特拉津可以抑制纤维素酶和脲酶活性,减少碳源和氮源的供应,表明施用阿特拉津可能会降低土壤肥力。

4.4 阿特拉津对土壤微生物群落的影响

4.4.1 材料与方法

4.4.1.1 材料、试剂与仪器

（1）土壤样品

试验所用土壤样品采自于黑龙江省哈尔滨市呼兰区试验田。每个小区 25 m²（最小面积），2 垄保护行，小区间间隔 0.5 m，按照农药推荐量（315 ~ 395 克/亩）喷施，采用五点取样法，去除表层土后，采集 0 ~ 10 cm 耕作层土壤，剔除石砾和植物残体等杂物，过 40 目、60 目筛，于 4 ℃中备用。土壤样品采集时间及处理见表 4 - 9。

表 4 - 9　土壤样品采集时间及处理

取样时间	处理
第一年 0 天	取空白对照土样，处理，检测
第一年 1 天	喷施除草剂，取样，处理，检测
第一年 22 天	取样，处理，检测
第一年 59 天	取样，处理，检测
第一年 90 天	取样，处理，检测
第一年 123 天	取样，处理，检测
第一年 151 天	取样，处理，检测
第二年 0 天	取空白对照土样，处理，检测
第二年 1 天	喷施除草剂，取样，处理，检测
第二年 7 天	取样，处理，检测
第二年 15 天	取样，处理，检测

续表

取样时间	处理
第二年33天	取样,处理,检测
第二年61天	取样,处理,检测
第二年97天	取样,处理,检测
第二年121天	取样,处理,检测
第二年151天	取样,处理,检测

（2）主要试剂

主要试剂见表4-10。

表4-10　主要试剂

名称	类别
牛肉膏	生化试剂
蛋白胨	生化试剂
琼脂	生化试剂
氢氧化钠	分析纯
孟加拉红粉状培养基	生物试剂
磷酸氢二钾	分析纯
硝酸钾	分析纯
硫酸镁	分析纯
淀粉	分析纯
硫酸铁	分析纯
氯化钠	分析纯
氯仿	分析纯
正己烷	分析纯

续表

名称	类别
甲醇	分析纯
乙酸	分析纯
氢氧化钾	分析纯
甲苯	分析纯
柠檬酸	分析纯
柠檬酸钠	分析纯
37 种磷脂脂肪酸甲酯标准样品	色谱纯

（3）主要仪器

主要仪器见表 4 - 11。

表 4 - 11　主要仪器

名称	型号
高压蒸汽灭菌锅	MLS - 3020
高速冷冻离心机	CF16RX Ⅱ
振荡混合机	VORTEX - 5
电子天平	AB104 - N
超净工作台	DL - CJ - 2N
电热恒温培养箱	DNP - 9162
气相色谱分析仪	6850N
电热恒温水浴锅	HH - S11
氮吹仪	HGC - 36A
无油真空泵	AP - 01P

4.4.1.2 土壤微生物生物量的测定

传统的微生物培养方法之一是平板菌落计数法,它是根据微生物在固体培养基上可以形成单个菌落的现象进行操作的,即菌落代表单个细胞。计数时,先梯度稀释样品,将一定量的稀释液均匀涂于培养基上,在适当的温度下培养一定时间后,计数菌落数。

(1)土壤微生物稀释液的制备

称取土壤样品 5 g,置于 50 mL 三角瓶中,加入 45 mL 灭菌水,振荡 20 min,静置 5 min,吸取上清液,即为 10^{-1} 土壤稀释液;将该稀释液加入含有 9 mL 灭菌水的离心管中,振荡 1 min,即为 10^{-2} 土壤稀释液;以此法制备 10^{-3}、10^{-4}、10^{-5} 土壤稀释液,用于涂布培养基。

(2)培养基的配备及培养步骤

牛肉膏蛋白胨培养基:牛肉膏 3 g,蛋白胨 5 g,琼脂 18 g,水 1 000 mL,pH = 7.0 ~ 7.2。

通过预试验确定,吸取 10^{-3}、10^{-4} 两个稀释度的土壤稀释液 0.1 mL,分别均匀涂布于培养基上。每个稀释度涂 3 个培养基,倒置于 30 ℃ 恒温培养,3 天后计数。

孟加拉红培养基:孟加拉红粉状培养基 35 g,加水定至 1 000 mL。

通过预试验确定,吸取 10^{-2}、10^{-3} 两个稀释度的土壤稀释液 100 μL,分别均匀涂布于培养基上,每个稀释度涂 3 个培养基,倒置于 28 ℃ 恒温培养,5 天后计数。

高氏 1 号培养基:磷酸氢二钾 0.5 g,硝酸钾 1 g,硫酸镁 0.5 g,氯化钠 0.5 g,硫酸铁 0.01 g,淀粉 20 g,琼脂 18 g,水 1 000 mL,pH = 7.2 ~ 7.4。

每 300 mL 培养基加 3% 重铬酸钾溶液 1 mL。吸取 10^{-3}、10^{-4} 两个稀释度的土壤稀释液 0.1 mL,分别涂布于培养基上,每个稀释度涂 3 个培养基,30 ℃ 恒温培养,7 天后计数。

(3)土壤微生物数量的计算

土壤样品涂布培养基后按不同温度分别恒温培养,一段时间后计数,按照以下方式计算:

每克土壤中的微生物数量(CFU/g) = 菌落平均数 × 10 × 稀释倍数 / 土壤质量

4.4.1.3　土壤中磷脂脂肪酸总量的测定

磷脂脂肪酸分析法是一种测定微生物生物量的方法,它可快速、准确地分析土壤微生物群落,可表征土壤微生物的优势种群,包括不可培养的微生物。

在自然条件下,不同种类的微生物可以通过不同的生化途径形成不同的磷脂脂肪酸。某些磷脂脂肪酸总是出现在同一类的微生物中,但很少出现在其他类的微生物中。在细胞死亡后几分钟到几小时内,细胞内磷脂脂肪酸降解,这是磷脂脂肪酸作为区分生物群落标记的基础。国内外学者已将磷脂脂肪酸分析作为活微生物的指标之一。

（1）主要试剂及配制

①氯仿。

②甲醇。

③正己烷。

④0.2 mol/L 氢氧化钾 – 甲醇溶液:0.34 g 氢氧化钾溶于 30 mL 甲醇。

⑤1 mol/L 乙酸:1.74 mL 乙酸溶于 30 mL 去离子水。现用现配。

⑥甲醇:甲苯 = 1:1。现用现配。

⑦0.15 mol/L 柠檬酸缓冲液(pH = 4.0):准确称取 20.66 g 柠檬酸、15.23 g 柠檬酸钠,加去离子水定容至 1 000 mL。

⑧提取液:柠檬酸缓冲液:氯仿:甲醇 = 0.8:1:2。保存时间为一周。

（2）提取方法

将 8 g(干重)土壤于 40 mL 提取液中两次浸提。于上清液中加入 8.6 mL 柠檬酸缓冲液、10.6 mL 氯仿,振荡过夜分层,所得氯仿相用高纯氮气吹干。过活性硅胶柱,收集甲醇相,高纯氮气吹干,–20 ℃黑暗冷藏。将冻干的磷脂脂肪酸样品溶解在 1 mL 甲醇:甲苯(1:1) 和 1 mL 0.2 mol/L 氢氧化钾 – 甲醇溶液,35 ℃保温 15 min。加 2 mL 去离子水和 0.3 mL 1 mol/L 乙酸,加 2 mL 正己烷,涡旋混匀 30 s 后提取上层的磷脂脂肪酸;2 500 r/min 离心 10 min,将上层正己烷溶液转移至 4 mL 具盖的 GC 衍生瓶中,重复此步骤 4 ~ 6 次,合并正己烷,35 ℃高纯氮气吹干,–20 ℃下黑暗中保存。加入适量(150 μL)正己烷溶解,加50 μL 160 μg/mL C19:0 磷脂脂肪酸甲酯做内标。取 50 μL C19:0 磷脂脂肪酸甲酯和 150 μL 37 种磷脂脂肪酸甲酯标准样品做定量标准。

(3)检测条件

色谱柱:25 m × 0.2 mm ×0.33 μm。

进样量:2 μL。

分流比:10:1。

载气:氢气。

流速:0.8 mL/min。

初始温度:170 ℃。

升温:5 ℃/min,260 ℃;40 ℃/min,310 ℃;保持 1.5 min。

4.4.2 结果与分析

4.4.2.1 黑土中微生物生物量的变化

(1)阿特拉津对土壤细菌数量的影响

为了能够直观地观察土壤细菌数量变化趋势,以采集样品时间为横坐标,以细菌数量为纵坐标,做柱状图,第一年试验结果见图 4-20,第二年试验结果见图 4-21。

由图 4-20 和图 4-21 可以看出,在喷施区:第一年,土壤细菌数量由 1.29×10^7 CFU/g(喷施前)增加到 1.77×10^7 CFU/g(第 22 天),然后减少到 1.05×10^7 CFU/g(第 151 天);第二年,土壤细菌数量由 1.05×10^7 CFU/g(喷施前)增加到 1.51×10^7 CFU/g(第 7 天),然后减少到 1.13×10^7 CFU/g(第 151 天)。

结果表明阿特拉津对土壤细菌数量有一定影响,呈现"剂量-效应""时间-效应"关系,低浓度的阿特拉津对土壤细菌数量影响程度较低。由于受阿特拉津影响,土壤细菌数量先增加后减少。总体上看,阿特拉津使土壤细菌生存条件恶化,对土壤细菌起抑制作用,使土壤细菌数量减少。

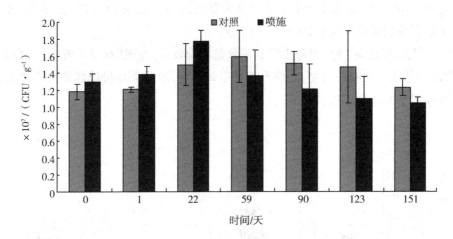

图 4 - 20　第一年阿特拉津对土壤细菌数量的影响

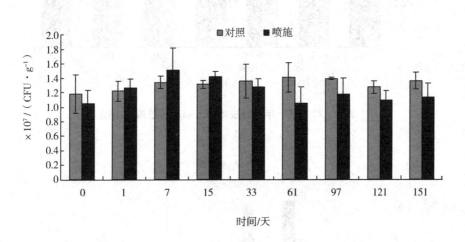

图 4 - 21　第二年阿特拉津对土壤细菌数量的影响

（2）阿特拉津对土壤真菌数量的影响

以采集样品时间为横坐标，以土壤真菌数量为纵坐标，得图 4 - 22 和图 4 - 23。

由图可知，在喷施区：第一年，未喷施阿特拉津时土壤真菌数量为 0.42×10^6 CFU/g，第 22 天时土壤真菌数量增加为 0.53×10^6 CFU/g，第 59 天时土壤真菌数量减少为 0.29×10^6 CFU/g；第二年，未喷施阿特拉津时土壤真菌数量为

0.35×10^6 CFU/g,第 7 天时土壤真菌数量增加为 0.63×10^6 CFU/g,第 33 天时土壤真菌数量减少为 0.29×10^6 CFU/g。

结果表明,阿特拉津对土壤真菌数量影响较大,呈现"剂量 - 效应""时间 - 效应"关系。在喷施后期,土壤真菌数量较稳定,说明阿特拉津残留对土壤真菌有较明显的抑制作用。

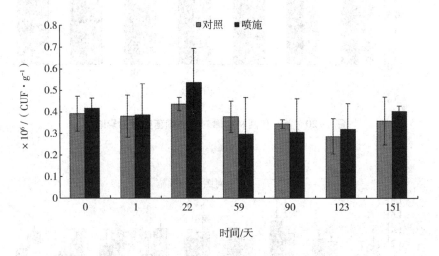

图 4 - 22　第一年阿特拉津对土壤真菌数量的影响

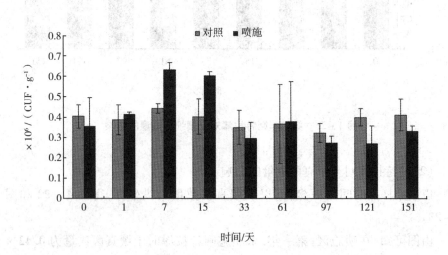

图 4 - 23　第二年阿特拉津对土壤真菌数量的影响

（3）阿特拉津对土壤放线菌数量的影响

以采集样品时间为横坐标，以土壤放线菌数量为纵坐标，得图 4 – 24 和图 4 – 25，可直观地观察土壤放线菌数量的变化情况。

由图可知，在喷施区：第一年，未喷施阿特拉津时土壤放线菌数量为 1.55×10^7 CFU/g，第 22 天时土壤放线菌数量减少到 0.93×10^7 CFU/g；第二年，未喷施阿特拉津时土壤放线菌数量为 1.57×10^7 CFU/g，第 15 天时土壤放线菌数量减少到 1.00×10^7 CFU/g。

结果表明，阿特拉津对土壤放线菌数量影响较大，并呈现"剂量 – 效应""时间 – 效应"关系。在喷施后期，土壤放线菌数量较稳定，说明阿特拉津残留对土壤放线菌有较明显的抑制作用。

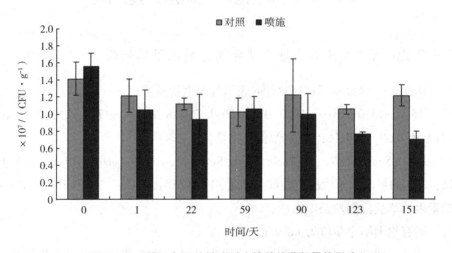

图 4 – 24　第一年阿特拉津对土壤放线菌数量的影响

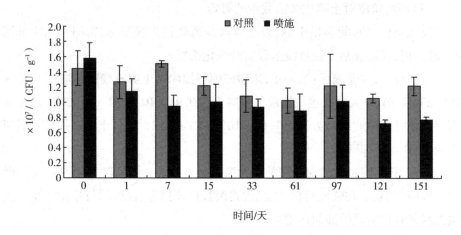

图 4-25　第二年阿特拉津对土壤放线菌数量的影响

4.4.2.2　阿特拉津对土壤中磷脂脂肪酸总量的影响

18:1ω9c、18:2ω6,9c、16:1ω5c 表示真菌生物量。

i15:0、a15:0、i16:0、a17:0、i17:0、16:1ω7c、18:1ω7c、cy17:0、cy19:0、14:0、17:0、16:1ω9c、2OH16:0 表示细菌生物量。

16:1ω5c、16:1ω7c、16:1ω9c、17:1ω8c、18:1ω7c、18:1ω9c、cy17:0、cy19:0、18:1ω5c 的量表示革兰氏阴性菌生物量,i14:0、i15:0、a15:0、i16:0、i17:0、a17:0 的量表示革兰氏阳性菌生物量。

所有检测结果单位为 nmol/g。

革兰氏阴性菌与革兰氏阳性菌比值表示微生物群落相对丰度变化的指标之一。

厌氧菌的生物量由 cy17:0、cy19:0 表示,需氧菌的生物量由 16:1ω7c、18:1ω7c 表示,用厌氧菌与需氧菌比值来表示压力指数。

(1)阿特拉津对真菌与细菌比值的影响

以采样时间为横坐标,以真菌与细菌比值为纵坐标,绘制折线图,根据样本检测信息对数据进行整理。第一年结果如图 4-26 所示,第二年结果如图 4-27所示。

从图 4-26 和图 4-27 可以看出,施用阿特拉津对土壤中真菌与细菌比值有影响。结合相应菌落计数数据得知,细菌增加的数量多于真菌,导致真菌与细菌比值降低;真菌的数量是稳定的,而细菌的数量随时间的延长而减少,所以两者的比值会增加。

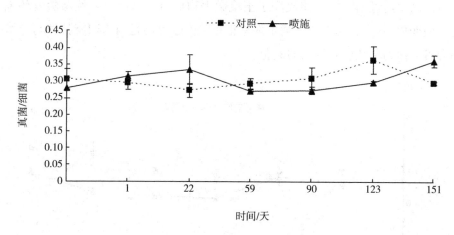

图 4 – 26 第一年真菌与细菌比值变化

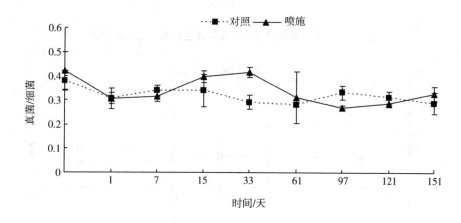

图 4 – 27 第二年真菌与细菌比值变化

(2)阿特拉津对土壤革兰氏阴性菌与革兰氏阳性菌比值的影响

以样品采集时间为横坐标,以革兰氏阴性菌与革兰氏阳性菌的比值为纵坐标,绘制折线图,根据样品检测信息整理数据,第一年结果如图 4 - 28 所示,第二年结果如图 4 - 29 所示。

革兰氏阴性菌与革兰氏阳性菌比值是微生物群落相对丰度的指标之一。与对照组相比,喷施后处理组的革兰氏阴性菌与革兰氏阳性菌比值先升高后降低再升高。这说明阿特拉津改变了土壤微生物群落。革兰氏阴性菌随着环境优劣而变化,其生长速率与环境条件呈正相关。这可能是因为阿特拉津与土壤结合可以作为革兰氏阴性菌的碳源。

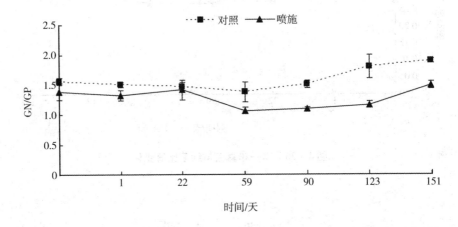

图 4 - 28 第一年革兰氏阴性菌与革兰氏阳性菌比值变化

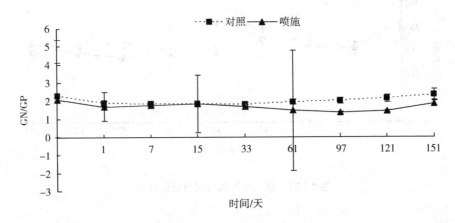

图 4 - 29 第二年革兰氏阴性菌与革兰氏阳性菌比值变化

（3）阿特拉津对土壤微生物压力指数的影响

以样品采集时间为横坐标，以微生物压力指数为纵坐标，绘制折线图，并根据样品检测信息对数据进行整理。第一年结果如图4-30所示，第二年结果如图4-31所示。

阿特拉津影响了土壤微生物群落。由图可知，喷施阿特拉津后，处理组土壤压力指数先降低，再升高，然后再降低。推测原因为：施用初期（第一年第22天，第二年第7天、第15天），需氧菌数量增加，因此压力指数下降；施用中期（第一年第59天，第二年第33天、第61天），由于阿特拉津导致土壤硬化，厌氧菌数量增多，需氧菌数量减少，因此压力指数上升；施用后期，阿特拉津作用逐渐减弱，处理组压力指数逐渐恢复到对照组水平。

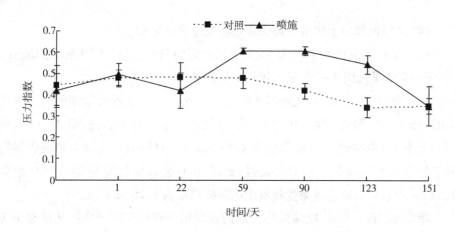

图4-30　第一年土壤微生物压力指数的变化

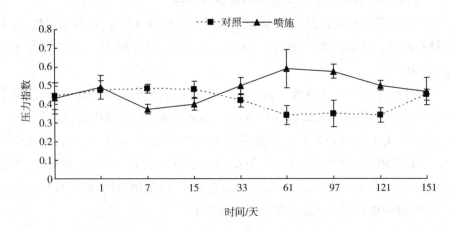

图 4 - 31　第二年土壤微生物压力指数的变化

（4）阿特拉津对土壤微生物磷脂脂肪酸总量的影响

以采集样品时间为横坐标，以微生物磷脂脂肪酸总量为纵坐标，绘制折线图，第一年结果见图 4 - 32，第二年结果见图 4 - 33。

第一年，第 1 天时，喷施阿特拉津的处理组土壤微生物磷脂脂肪酸总量为 3.05 nmol/g，对照组土壤微生物磷脂脂肪酸总量为 3.35 nmol/g；第 22 天时，处理组土壤微生物磷脂脂肪酸总量为 4.53 nmol/g，对照组土壤微生物磷脂脂肪酸总量为 3.63 nmol/g；第 151 天时，处理组土壤微生物磷脂脂肪酸总量为 5.34 nmol/g，对照组土壤微生物磷脂脂肪酸总量为 3.26 nmol/g。

第二年，第 1 天时，喷施阿特拉津的处理组土壤微生物磷脂脂肪酸总量为 3.87 nmol/g，对照组土壤微生物磷脂脂肪酸总量为 3.94 nmol/g；第 7 天时，处理组土壤微生物磷脂脂肪酸总量为 4.83 nmol/g，对照组土壤微生物磷脂脂肪酸总量为 3.91 nmol/g；151 天时，处理组土壤微生物磷脂脂肪酸总量为 4.13 nmol/g，对照组土壤微生物磷脂脂肪酸总量为 3.39 nmol/L。

两年中，喷施阿特拉津的处理组土壤微生物磷脂脂肪酸总量在 1 天后都高于对照组，这是由于喷施阿特拉津后，土壤中微生物数量发生了变化，如细菌、真菌数量先增加后减少，放线菌数量减少。随着阿特拉津残留量的变化，土壤微生物群落结构和微生物生物量都发生了改变。

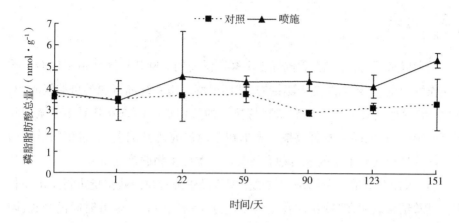

图 4-32　第一年土壤微生物磷脂脂肪酸总量的变化

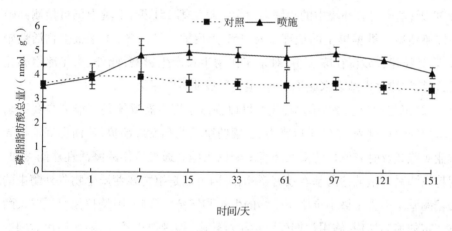

图 4-33　第二年土壤微生物磷脂脂肪酸总量的变化

本书通过平板菌落计数法与磷脂脂肪酸法相结合,对土壤样品中可培养微生物与不可培养微生物进行数量、种类、群落结构等进行分析,来确定阿特拉津对土壤微生物群落所产生的影响。

综上所述,阿特拉津抑制细菌、真菌和放线菌的生长,随着阿特拉津残留量和残留时间的增加,微生物生存条件恶化。阿特拉津残留会对土壤微生物群落结构和微生物生物量产生明显的影响。

4.5 讨论

长期以来,阿特拉津在我国黑土中被广泛使用。阿特拉津残留不仅会影响后茬作物的生长,还会改变土壤结构,破坏土壤生态系统和资源的可持续利用,国内外许多学者在实验室研究了阿特拉津的残留消解动态及其对土壤微生物群落的影响,并取得了显著成果。本书在室内研究的基础上,通过田间试验研究了阿特拉津在黑土中的残留动态及其对土壤微生物群落的影响。

(1)采用高效液相色谱法对供试土壤样品中阿特拉津残留量进行了动态检测。试验结果表明,阿特拉津在土壤中的残留时间较长。随着时间的延长,阿特拉津在土壤中的残留量逐渐减少。结果表明,阿特拉津在野外环境中非常稳定,降解缓慢,根据半衰期方程计算,第一年的半衰期为 37 天,第二年的半衰期为 38 天,基本符合环境中的消解动力学。喷施第 151 天,土壤中仍可检测到阿特拉津残留。根据黑土的地理位置,151 天后即逐渐入冬,土壤微生物活性较低,阿特拉津会残留在冻土中,对来年作物生长产生影响,此外,来年冰雪融化时,阿特拉津进入地表水或地下水,也会造成非点源污染。

(2)通过研究土壤中的酶,我们可以预测土壤生态系统是否能够自我平衡土壤中的生化过程,了解土壤肥力、土壤健康状况和发展趋势,从而更好地指导农业实践或及时采取预防潜在环境影响的措施。通过两年的酶活性检测可知,阿特拉津对土壤蔗糖酶基本没有影响,原因可能是植物残茬微生物胞外酶中的蔗糖酶基本不受土壤中土壤微生物的生长和增殖的影响;阿特拉津对纤维素酶有一定的抑制作用,施用初期残留量相对较高,抑制作用较大,随着施用时间的延长,抑制作用逐渐降低,表明阿特拉津降低了土壤肥力水平;阿特拉津对脲酶也有一定的抑制作用,特别是应用初期残留量较高时对脲酶影响较大,土壤脲酶活性与土壤肥力呈正相关,说明阿特拉津降低了土壤肥力。

(3)传统菌落计数法的优点是可以确定土壤中可培养微生物的一般情况;该方法的局限性在于只能反映少数微生物的信息,测量结果误差较大,不能显示所有具有较高应用价值的微生物资源。因此,这种传统的研究方法只有结合其他先进的方法,才能详细反映微生物群落变化的真实信息。

该方法测定的土壤微生物生物量数据表明,施用阿特拉津后,土壤细菌和真菌数量先增加后减少,表明阿特拉津抑制细菌和真菌的生长,阿特拉津残留会使其生存条件恶化。施用阿特拉津后,土壤放线菌数量逐渐减少,土壤放线菌数量在施用中后期基本保持一定水平,表明阿特拉津对土壤放线菌有明显的抑制作用。

(4)磷脂脂肪酸法能准确检测土壤中微生物的组分,它可以有效地处理样本,微生物群落组成和其他信息可以检测结果进行解释。磷脂脂肪酸法有很多优点,也有一些局限性:磷脂脂肪酸法的提取容易受到其他有机物质的干扰,土著土壤微生物群落中特定菌株的指示有时不够清楚,无法在菌株水平上识别微生物。

磷脂脂肪酸法结果表明,阿特拉津的施用对土壤中真菌与细菌比值有影响。结合菌落计数数据,虽然细菌和真菌数量增加,但土壤中细菌数量约占微生物总数的80%,因此增加幅度大于真菌,导致真菌与细菌比值下降;那么真菌的数量是稳定的,而细菌的数量还在减少,所以两者的比值会增加。这与上述真菌和细菌数量的变化基本一致,可以支持微生物生物量的变化结果。革兰氏阴性菌与革兰氏阳性菌比值是微生物群落相对丰度变化的指标之一。与对照组相比,处理组先升后降,说明革兰氏阴性菌先升后降,革兰氏阳性菌先降后升,从而改变了土壤微生物群落。革兰氏阴性菌随环境变化而变化,其生长速率与环境条件呈正相关,这可能是因为阿特拉津与土壤结合可作为革兰氏阴性菌的碳源。在微生物压力指数方面,处理组先降低后升高,表明阿特拉津残留影响了土壤微生物群落;在应用中后期,由于阿特拉津的残余应力,厌氧菌增多,需氧菌减少,压力指数增加。从微生物磷脂脂肪酸总量来看,处理组高于对照组,这是由于喷施后土壤中相应微生物数量变化。如细菌和真菌数量先增加后减少,放线菌生长受到抑制,表明随阿特拉津残留量的变化,土壤微生物生物量和微生物群落发生变化。

4.6　小结

本书从阿特拉津在土壤中的残留动态、微生物生物量、土壤酶活性变化以及土壤样品中磷脂脂肪酸总量等方面开展试验,探讨阿特拉津残留动态及对土壤微生物群落的影响,结论如下:

（1）利用高效液相色谱法检测阿特拉津在土壤中的残留量及动态变化，结果表明，两年中残留量均在喷施阿特拉津当天达到最大值，随着时间的延长，阿特拉津残留量呈下降趋势。第一年与第二年阿特拉津的半衰期分别为37天和38天。

（2）测定阿特拉津对土壤中几种主要酶的活性的影响。结果表明，阿特拉津对土壤蔗糖酶基本没有影响，对土壤纤维素酶表现高浓度抑制，抑制作用随着残留量降低而逐渐减弱，在残留量为 0.15 mg/kg 时与对照组无显著差异；对土壤脲酶具有显著影响，在整个检测期都表现出抑制。

（3）测定了两年中土壤可培养微生物生物量的变化情况。随阿特拉津残留量降低，细菌、真菌、放线菌的数量受不同程度的影响。

（4）检测土壤微生物磷脂脂肪酸量，测定了阿特拉津对土壤真菌与细菌比值、革兰氏阴性菌与革兰氏阳性菌比值、压力指数、磷脂脂肪酸总量这 4 种指标。结果表明，真菌与细菌比值表现为高残留促进、低残留抑制，革兰氏阴性菌与革兰氏阳性菌比值表现为高残留促进、低残留抑制；压力指数表现为高残留抑制、低残留促进；磷脂脂肪酸总量在阿特拉津残留量下降至 1.38 mg/kg 时有增加趋势。

参考文献

[1]李炬,何雄奎,曾爱军,等. 农药施用过程对施药者体表农药沉积污染状况的研究[J]. 农业环境科学学报,2005,24(5):957-961.

[2]田兴云,冯德华. 减少农药污染 保护生态环境[J]. 农村经济与科技,2011(6):245-246.

[3]侯洪刚. 关于土壤中农药污染残留及降解途径研究[J]. 现代农业,2012(5):50-51.

[4]苏少泉. 我国东北地区除草剂使用及问题[J]. 农药,2004(2):53-55.

[5]骆红月,尹锐,高楠. 微生物降解阿特拉津的研究进展[J]. 科技视界,2015(5):156,285.

[6]洪雅. 不同肥力水平下土壤酶对莠去津和苯磺隆污染的响应[D]. 咸阳:西北农林科技大学,2016.

［7］吴祥为. 百菌清重复施用在土壤中的残留特征及其土壤生态效应［D］. 杭州：浙江大学，2014.

［8］FANG H，HAN Y L，YIN Y M，et al. Microbial response to repeated treatments of manure containing sulfadiazine and chlortetracycline in soil［J］. Journal of Environmental Science and Health Part B – Pesticides Food Contaminants and Agricultural Wastes，2014，49(8)：609 – 615.

［9］FANG H，LIAN J J，WANG H F，et al. Exploring bacterial community structure and function associated with atrazine biodegradation in repeatedly treated soils［J］. Journal of Hazardous Materials，2015，286：457 – 465.

［10］于晓斌. 吉林省玉米种植区耕层土壤中莠去津和乙草胺残留分布特征及风险评价［D］. 长春：东北师范大学，2015.

［11］闫逊. 铀尾矿土壤环境放射性核素的浓度分布及其对土壤微生物多样性的影响［D］. 哈尔滨：东北林业大学，2015.

［12］ZHANG F J，HOU D，JIANG H E，et al. Statistical analysis of regularity of pesticide residues in vegetables produced in Inner Mongoli［J］. Agricultural Science & Technology，2013(10)：1471 – 1475.

［13］庞国芳，等. 农药兽药残留现代分析技术［M］. 北京：科学出版社，2007.

［14］张莘民，杨凯. 固相萃取技术在我国环境化学分析中的应用［J］. 中国环境监测，2000，16(6)：53 – 57.

［15］吴建兰，盛卫强. 毛细管气相色谱法分析土壤中有机氯农药［J］. 环境监测管理与技术，1998，10(1)：32 – 33.

［16］钱小红. 蛋白质组与生物质谱技术［J］. 质谱学报，1998(4)：48 – 54.

［17］杨芃原，钱小红，盛龙生. 生物质谱技术与方法［M］. 北京：科学出版社，2003.

［18］丁慧瑛，谢文，周召千，等. 蔬菜中 11 种苯甲酰脲类农药残留的液相色谱 – 串联质谱法测定［J］. 分析测试学报，2009(8)：970 – 974.

［19］YU C X，YUAN B Q，YOU T Y. Enantiomeric Separation of antidepressant Trimipramine by capillary electrophoresis combined with electrochemiluminescence detection in aqueous – organic media［J］. Chemical Research in Chinese Universities，2011(1)：34 – 37.

[20]杨海君,肖启明,刘安元. 土壤微生物多样性及其作用研究进展[J]. 南华大学学报(自然科学版),2005(4):21-26,31.

[21]李克斌,蔡喜运,刘维屏. 除草剂单用与混用对土壤微生物活性的影响[J]. 农业环境科学学报,2004(2):392-395.

[22]王军. 莠去津对土壤微生物群落结构及分子多样性的影响[D]. 泰安:山东农业大学,2012.

[23]史婕,申鸿,王兵,等. 紫色土中联苯菊酯残留对土著微生物的影响[J]. 中国农学通报,2011(24):312-316.

[24]杨永华,姚健,华晓梅. 农药污染对土壤微生物群落功能多样性的影响[J]. 微生物学杂志,2000(2):23-26.

[25]Sigler W V,Turco R F. The impact of chlorothalonil application on soil bacterial and fungal populations as assessed by denaturing gradient gel electrophoresis [J]. Appliedand Environmental Microbiology,2002,21(2):107-118.

[26]XUE D,YAO H Y,GE D Y,et al. Soil microbial community structure in diverse land use systems:a comparative study using Biolog,DGGE,and PLFA analyses[J]. Pedosphere,2008,18(5):653-663.

[27]肖丽,冯燕燕,赵靓,等. 多菌灵对土壤细菌遗传多样性的影响[J]. 新疆农业科学,2011,48(9):1640-1648.

[28]李维波,李鸣. 东北黑土生态保护与修复的路径探析[J]. 学术交流,2014(7):151-155.

[29]魏丹,匡恩俊,迟凤琴,等. 东北黑土资源现状与保护策略[J]. 黑龙江农业科学,2016(1):158-161.

[30]刘国辉,张凤彬,张妍茹. 黑土地保护对策研究[J]. 乡村科技,2016(15):75-76.

[31]岳杨,郑永照,秦裕波,等. 黑土退化原因及对策[J]. 农业科技通讯,2016(3):129-130.

[32]陈国军,管建涛,程子龙. 黑土持续告急——东北黑土流失与保护的调查与反思[J]. 农村·农业·农民,2016(23):35-36.

[33]吴晓丽. 除草剂莠去津对黑土活性有机碳含量变化的影响[D]. 长春:吉林农业大学,2012.

[34]李立鑫,高增贵,杨瑞秀.常用除草剂对玉米根际土壤微生物的影响[J].辽宁农业科学,2015(2):14-16.

[35]孙淑清,刘限,姚远,等.莠去津和烟嘧磺隆对玉米田土壤微生物的影响[J].农药,2014(4):276-279.

[36]汪寅夫,李丽君,王娜.超声提取-吸附分离-气相色谱法测定土壤中有机磷和阿特拉津农药残留[J].吉林农业大学学报,2011(1):57-59.

[37]王立仁,赵明宇.阿特拉津在农田灌溉水及土壤中的残留分析方法及影响研究[J].农业环境保护,2000,19(2):111-113.

[38]邱莉萍,刘军,王益权,等.土壤酶活性与土壤肥力的关系研究[J].植物营养与肥料学报,2004(3):277-280.

[39]Frankenger W T,Dick W A. Relationship between enzyme activities and microbial growth and activity indices in soil[J]. Soil Sci Soc Am J,1983,47:945-951.

[40]Douglas C L,ALLMARAS R R,RASMUSSEN P E,et al. Wheat straw composition and placement effects on decomposition in dryland agriculture of the Pacific Northwest[J]. Soil Science Society of America Journal,1980,44(4):833-837.

[41]许光辉,郑洪元.土壤微生物分析方法手册[M].北京:农业出版社,1986.

[42]周瑞莲,张普金,徐长林.高寒山区火烧土壤对其养分含量和酶活性的影响及灰色关联分析[J].土壤学报,1997(1):89-96.

[43]张玉磊,张宇.三种长残留除草剂对大豆根际土壤纤维素酶活性的影响[J].黑龙江农业科学,2011(1):63-65.

[44]丰骁,段建平,蒲小鹏,等.土壤脲酶活性两种测定方法的比较[J].草原与草坪,2008(2):70-73.

[45]周礼恺,张志明.土壤酶活性的测定方法[J].土壤通报,1980(5):37-38,49.

[46]曹志平.土壤生态学[M].北京:化学工业出版社,2007.

[47]范秀荣,李广武,沈萍.微生物学实验[M].北京:高等教育出版社,1989.

[48]王曙光,侯彦林.磷脂脂肪酸方法在土壤微生物分析中的应用[J].微生物学通报,2004(1):114-117.

[49]FROSTEGARD A,BAATH E,TUNLID A. Shifts in the structure of soil microbial communities in limed forests as revealed by phospholipid fatty acid analysis [J]. Soil Biology and Biochemistry,1993,25(6):723-730.

[50]DONALD R Z,GEORGE W K. Microbial community composition and function across an arctic tundra landscape[J]. Ecology,2006,87(7):1659-1670.

[51]BARDGETT R D,HOBBS P J,FROSTEGARD A. Changes in soil fungal:bacterial ratios following reductions in the intensity of management of an upland grassland[J]. Biology and Fertility of Soils,1996,22(3):261-264.

[52]MARIUS B,DANA E,JAN T,et al. Fungal bioremediation of the creosote - contaminated soil:Influence of Pleurotus ostreatus and Irpex lacteus on polycyclic aromatic hydrocarbons removal and soil microbial community composition in the laboratory - scale study[J]. Chemosphere,2008,73(9):1518-1523.

[53]HAMMESFAHR U,HEUER H,MANZKE B,et al. Impact of the antibiotic sulfadiazine and pig manure on the microbial community structure in agricultural soils[J]. Soil Biology and Biochemistry,2008,40(7):1583-1591.

[54]吴金水,林启美,黄巧云,等. 土壤微生物生物量测定方法及其应用[M]. 北京:气象出版社,2006.

[55]杜浩. 莠去津污染土壤的生物强化修复及其细菌群落动态分析[D]. 泰安:山东农业大学,2012.

[56]颜慧,蔡祖聪,钟文辉. 磷脂脂肪酸分析方法及其在土壤微生物多样性研究中的应用[J]. 土壤学报,2006,43(5):851-859.

[57]白震,何红波,张威,等. 磷脂脂肪酸技术及其在土壤微生物研究中的应用[J]. 生态学报,2006,26(7):2387-2394.

[58]IBEKWE A M,PAPIERNIK S K,GAN J Y,et al. Impact of fumigants on soil microbial communities[J]. Applied and Environmental Microbiology,2001,67(7):3245-3257.

[59]YAO H,HE Z,WILSON M J,et al. Microbial biomass and community structur in a sequence of soils with increasing fertility and changing land use[J]. Microbial Ecology,2000,40(3):223-237.

[60]周丽霞,丁明懋. 土壤微生物学特性对土壤健康的指示作用[J]. 生物多样

性,2007,15(2):162-171.

[61]姚斌. 控制条件下除草剂在土壤中的降解及其对土壤生物学指标的影响
　　[D]. 杭州:浙江大学,2003.

5 黑土不同土层中阿特拉津残留动态及其对土壤微生物群落的影响

5.1 概述

本章以土壤微生物为研究对象,将传统方法与分子生物学技术相结合,探讨阿特拉津在不同土层中的残留动态、微生物生物量、土壤酶活性以及土壤样品中磷脂脂肪酸总量,希望能为有效、安全地使用阿特拉津,减少环境污染,提高生活质量提供科学依据。

5.1.1 农药对土壤微生物群落多样性的影响

农药和微生物之间的作用和反应的模式多种多样。一般来说,高剂量农药会抑制微生物群落多样性,甚至破坏一些敏感种群,如高剂量的杀真菌剂和熏蒸剂可以直接杀死微生物。低剂量也能改变土壤微生物的群落结构,但低剂量农药通常对土壤微生物的群落结构和功能影响不大。

一些农药会成为微生物生长的碳源、氮源和磷源,从而刺激微生物生长。例如,溴苯腈可以在低浓度下增加土壤中细菌和放线菌的数量,但在高浓度下抑制细菌、放线菌生长,抑制纤维素酶的活性,并减少真菌数量。阿特拉津在施用初期抑制了土壤中的生物量氮和生物量碳,但在培养后期随着残留量减少抑制作用减弱。杀菌剂泰乐菌素会降低土壤中细菌生物量,导致土壤中耐药细菌的比例增加,表明土壤中微生物的群落组成会受到泰乐菌素影响。

5.1.2 农药对土壤微生物功能多样性的影响

农药对土壤微生物氮转化的影响与其剂量和作用时间相关。克百威能长期抑制微生物的氮转化,但百菌清、吡虫啉、酚菌酮可成为微生物的营养源,提高微生物的氮转化能力。甲胺磷可以增加土壤氨化,减少硝化作用。同时,除草剂和杀虫剂可以通过抑制根瘤菌果胶酶和纤维素水解酶的活性来抑制根瘤的形成,导致根瘤数量和根瘤干重减少,从而抑制根瘤菌的固氮功能。

杀菌剂对外生菌根的毒性远远大于除草剂和杀虫剂。草甘膦、草净津以及代森锰对某些菌根的生长有一定的刺激作用。除草剂可以抑制丛枝菌根真菌的功能多样性。

5.1.3　农药对土壤微生物遗传多样性的影响

农药可以改变土壤中微生物的遗传多样性。16S rDNA 分析表明,甲基对硫磷污染土壤的微生物群落发生了显著变化。过氧化氢的加入增强了氮转化的效果,降低了微生物遗传多样性。旱地施用大剂量啶虫脒会在一定时间内影响微生物群落基因多样性,但其在田间的正常推荐剂量对微生物群落基因多样性影响不大。多菌灵污染土壤中微生物群落的组成、结构多样性、种群数量发生了变化,导致微生物遗传多样性下降。

5.1.4　农药对不同土层土壤微生物群落的影响

微生物多样性不同于其他生物类群。由于其生长繁殖快,营养代谢丰富,生活方式多样,DNA 序列组成复杂,基因组数量差异大,遗传背景和化学成分多样,微生物多样性极其复杂多样。目前,国内外关于土壤微生物多样性的研究报道较多。土壤微生物多样性的研究主要集中在施肥和耕作制度等方面,但农药对土壤微生物多样性影响的研究相对较少,特别是农药对不同土层土壤微生物多样性影响的研究很少。

微生物在土壤中分布不均。研究表明,微生物数量将随着土壤深度的增加而减少。吴则焰等人的研究表明,武夷山土壤微生物的总体活性随着土壤深度的增加而降低,养分含量、土壤通气量和含水量也会随着土壤深度不同而发生显著变化,这表明土壤微生物多样性随土层深度的变化可能与土壤的物理化学性质有关。董立国等人也得出了同样的结论。

微生物碳源的丰富度、均匀度和多样性可用于评估微生物群落的功能多样性。宋贤冲等人对帽儿山常绿阔叶林不同土层的土壤微生物进行了 Biolog 分析,结果表明,不同土层的微生物群落功能多样性存在差异。不同深度土壤中微生物对六类碳源的利用能力没有差异,但随着土层的加深,微生物对六类碳源的利用能力逐渐降低。0~10 cm 和 20~40 cm 土层之间的微生物丰富度指数存在显著差异。不同土层土壤微生物多样性的差异可能是由于速效磷、速效氮、速效钾和总有机碳在不同土层中分布不均。

　　王梓等人对黑土不同利用方式下土壤剖面微生物群落碳源代谢特征进行了 Biolog 分析。结果表明,农田转化为人工林地后可培养微生物数量减少,农田转化为恢复草地后可培养微生物数量增加。植被根系可影响 0～60 cm 土层可培养微生物数量,恢复草地和人工林地除了改变表层微生物群落活性和碳源利用强度,还影响 100 cm 以下土层微生物群落碳源代谢特征,提高剖面深层土壤微生物的整体活性和碳源利用强度,促进剖面养分与物质循环。

　　于瑛楠等人的研究结果表明:在表层和 0～10 cm 土层中,喷施百菌清土壤的微生物总体活性仅在夏季高于未喷施百菌清土壤;在 10～20 cm 土层中,喷施百菌清土壤的微生物总体活性在春季、夏季高于未喷施百菌清土壤,在秋季、冬季低于未喷施百菌清土壤。在表层中,喷施百菌清土壤的微生物多样性指数(SW 指数、SP 指数、McIntosh 指数)均高于未喷施百菌清土壤;在 0～10 cm 土层中,喷施百菌清土壤的微生物多样性 SW 指数低于未喷施百菌清土壤,SP 指数、McIntosh 指数高于未喷施百菌清土壤;在 10～20 cm 土层中,喷施百菌清土壤的微生物多样性 SW 指数、McIntosh 指数高于未喷施百菌清土壤,SP 指数低于未喷施百菌清土壤。邵元元等人发现百菌清抑制了土壤微生物中优势细菌的数量。施用当天,仅对表层和 0～10 cm 土层的微生物有抑制作用,2 个月后抑制作用减弱,4 个月后抑制作用最强。此外,在施用当天和 2 个月后,百菌清刺激表层和 0～10 cm 土层中的真菌增殖。施用百菌清 2 个月和 4 个月后,百菌清抑制了 10～20 cm 土层的放线菌的数量。百菌清和氰戊菊酯对 4 种林型土壤脲酶、酸性磷酸酶、过氧化氢酶活性具有抑制作用,对土壤多酚氧化酶活性无显著影响。百菌清和氰戊菊酯对臭冷杉红松林、紫椴红松林土壤细菌数量无显著影响,对兴安落叶松林、白桦林土壤细菌数量具有抑制作用。百菌清和氰戊菊酯对 4 种林型土壤真菌数量均起抑制作用。百菌清对白桦林土壤放线菌数量始终起抑制作用,在 6～10 月期间对臭冷杉红松林、紫椴红松林和兴安落叶松林放线菌的数量起促进作用;氰戊菊酯对臭冷杉红松林土壤放线菌数量无显著影响,对其他 3 种林型土壤放线菌数量起抑制作用。百菌清和氰戊菊酯对 4 种林型土壤微生物总体活性、土壤微生物多样性指数具有抑制作用。在对照土样中,臭冷杉红松林土壤微生物主要利用碳源种类为 18 种、紫椴红松林 21 种、兴安落叶松林 11 种、白桦林 9 种。喷施百菌清和氰戊菊酯后,臭冷杉红松林土壤微生物所能利用碳源的种类分别为 11 种和 13 种,紫椴红松林分别为 15 种和 17 种,兴安落叶松林分别为 3 种和 6 种,白桦林分别为 9 种和 4 种。

5.2　阿特拉津在土壤中的残留动态

阿特拉津因其价格低廉、除草效果好而被广泛用于作物除草。阿特拉津具有一定的毒性和生物蓄积性,在土壤中施用可能给人类和环境带来影响。本书采用高效液相色谱法测定阿特拉津在黑龙江省玉米连作区不同时期、不同土层中的残留动态,分析阿特拉津在土壤中的水平分布特征和垂直分布特征。

5.2.1　材料与方法

5.2.1.1　试验材料、试剂与仪器

(1)土壤样品

土壤样品取自黑龙江省哈尔滨市呼兰区玉米连作试验田。采样时间为 5 月至 10 月。试验田的小区设计如下:每个小区为 25 m^2(5 m×5 m),2 垄保护行,宽 1 m,小区间隔 0.5 m,按推荐用量(315~395 克/亩)喷施阿特拉津,在不使用杀虫剂的情况下设置空白对照,并重复 3 次。清除枯叶、茎、杂草等,采用五点取样法分别采集 0~10 cm、10~20 cm、20~30 cm 土层中土壤样品。取样后,每个土壤样品分为两份。一份在 -80 ℃中保存用于测序;另一份风干除去砾石、植物碎片等杂物后过 40 目和 60 目筛,装入袋中,在 4 ℃中保存待测。

(2)土壤理化性质特征

土壤样品采集时间见表 5-1。测定了土壤样品的理化性质,见表 5-2。

表 5 - 1 土壤样品采集时间

取样时间	处理
0 天	取空白对照土样,处理,检测
7 天	取样,处理,检测
15 天	取样,处理,检测
31 天	取样,处理,检测
130 天	取样,处理,检测

表 5 - 2 土壤样品的理化性质

有机物质/ $(g \cdot kg^{-1})$	全氮/ $(g \cdot kg^{-1})$	全磷/ $(g \cdot kg^{-1})$	全钾/ $(g \cdot kg^{-1})$	田间最大持水量/%	pH	黏粒/%	粉粒/%	砂粒/%
32.20	1.75	0.51	18.54	18.28	6.31	34.23	27.29	38.48

(3)主要试剂

主要试剂见表 5 - 3。

表 5 - 3 主要试剂

名称	类别
90%阿特拉津粒剂	分析纯
阿特拉津标准品	分析纯
乙腈	色谱纯
乙腈	分析纯
甲醇	色谱纯
氯化钠	分析纯
PSA(N - 丙基乙二胺)	分析纯
无水硫酸镁	分析纯

（4）主要仪器

主要仪器见表 5 - 4。

表 5 - 4　主要仪器

名称	型号
高压蒸汽灭菌锅	MLS - 3020
超声波清洗器	HS3120
振荡混合机	VORTEX - 5
电子天平	AB104 - N
高效液相色谱分析仪	CBM - 102
高效液相色谱检测器	SPD - 10AVP
高效液相色谱高压泵	LC - 10ATVP
循环水式多用真空泵	SHB - Ⅲ
氮吹仪	HGC - 36A

5.2.1.2　土壤中阿特拉津残留动态的测定

（1）样品预处理及净化

称取 10 g 土壤样品于 50 mL 离心管中，加入 5 mL 水、20 mL 乙腈，160 r/min 摇动 2 h，超声提取 15 min，加入 6 g 氯化钠，4 000 r/min 离心 5 min。将上清液转移至加入 4 g 无水硫酸镁和 150 mg PSA 的 50 mL 离心管中，5 000 r/min 离心 5 min。最后，将上清液放入小型圆底试管中，用氮气干燥，加入 2 mL 乙腈（色谱纯）定容，通过有机滤膜。

（2）检测条件

色谱柱：4.6 mm × 250 mm × 5 μm。

进样量：20 μL。

柱温：30 ℃。

波长：200 nm。

流动相:乙腈:水 = 75:25。

流速:0.8 mL/min。

出峰时间:5.4 min。

(3)阿特拉津标准曲线绘制

将阿特拉津标准品用乙腈(色谱纯)配制成 1 000 mg/L 母液,分别稀释成 0.5 mg/L、1 mg/L、2 mg/L、5 mg/L、10 mg/L、20 mg/L 标准品溶液,根据测得的峰面积与标准品浓度,绘制阿特拉津标准曲线,同时建立线性方程。

(4)回收率试验

按照上述处理方式和仪器条件,取空白土壤样品添加 3 个浓度水平 (1 mg/kg、2 mg/kg、5 mg/kg)阿特拉津标准品溶液,重复 3 次,同时做空白对照,经萃取得到阿特拉津乙腈溶液,在高效液相色谱上于 220 nm 波长下测其峰面积,根据线性方程计算阿特拉津的浓度。并根据下列公式计算阿特拉津的回收率。

$$回收率(\%) = (实测浓度/添加浓度) \times 100\%$$

5.2.2　结果与分析

5.2.2.1　回收率试验

根据高效液相色谱测定结果成功建立阿特拉津标准曲线,如图 5 - 1 所示。试验结果表明,阿特拉津回收率平均值为 90.17% ~ 104.69%,变异系数为 0.79% ~ 2.90%。见表 5 - 5,回收率均大于 90%,符合农药残留分析的要求。

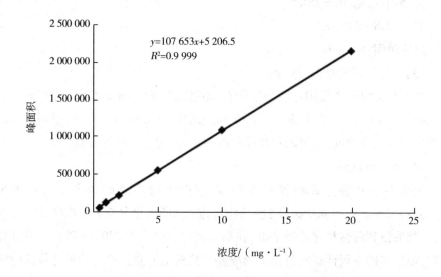

图 5 – 1　阿特拉津标准曲线

表 5 – 5　土壤中阿特拉津的回收率

添加浓度/	回收率/%				RSD/%
(mg·kg⁻¹)	1	2	3	平均值	
1	92.84	90.06	87.61	90.17	2.90
2	93.22	94.63	93.53	93.79	0.79
5	101.60	106.96	105.52	104.69	2.65

5.2.2.2　阿特拉津在不同土层中的残留动态

由图 5 – 2 可以看出,在黑土 0 ~ 10 cm 土层中,随着时间的增加,阿特拉津残留量不断降低。阿特拉津逐渐淋溶到深层土壤中。

由图 5 – 3 和图 5 – 4 可以看出,阿特拉津在 10 ~ 20 cm 和 20 ~ 30 cm 土层中逐渐累积,在喷施后第 15 天残留量达到最高值,之后其残留量逐渐降低。

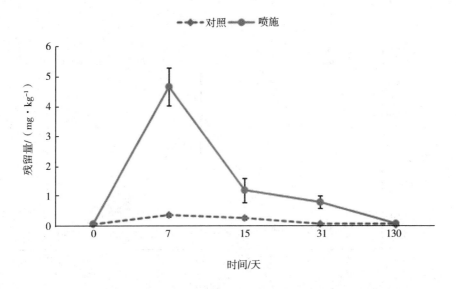

图 5-2　阿特拉津在 0~10 cm 土层中的残留动态

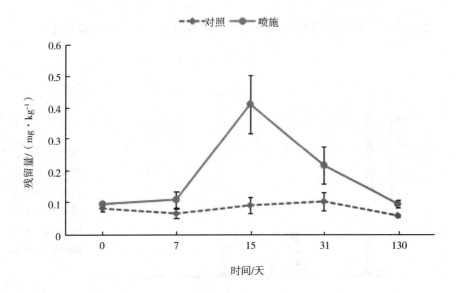

图 5-3　阿特拉津在 10~20 cm 土层中的残留动态

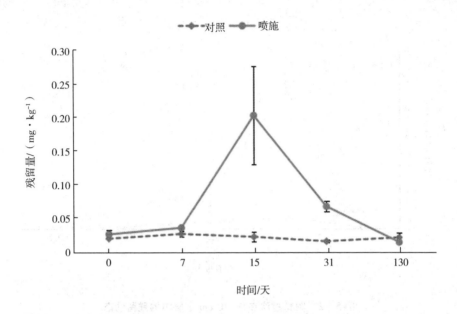

图 5 - 4　阿特拉津在 20~30 cm 土层中的残留动态

由图 5 - 5 可看出阿特拉津在不同时期、不同土层中的残留动态对比。

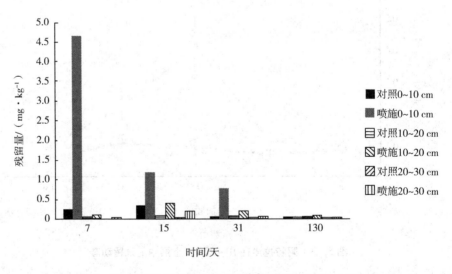

图 5 - 5　阿特拉津在不同时期、不同土层中的残留动态

阿特拉津在黑土 0 ~ 10 cm、10 ~ 20 cm、20 ~ 30 cm 这 3 个不同土层中的消解曲线方程依次为 $y = 2.798e^{-0.028x}$，$R^2 = 0.903$；$y = 0.3927e^{-0.011x}$，$R^2 = 0.9003$；$y = 0.1941e^{-0.021x}$，$R^2 = 0.9206$，见表 5 - 6。阿特拉津在黑土 0 ~ 10 cm、10 ~ 20 cm、20 ~ 30 cm 土层中的半衰期分别为 24.75 天、63 天和 33 天。在 0 ~ 10 cm 土层中，第 130 天时阿特拉津消解率已达到 98.34%。在 10 ~ 20 cm 和 20 ~ 30 cm 土层中，第 15 天时阿特拉津消解率呈负值，表明其残留量在逐渐升高，并且在第 15 天时达到最高值，之后逐渐下降。在第 130 天时，20 ~ 30 cm 土层中阿特拉津消解率达到 93.68%，而 10 ~ 20 cm 土层中阿特拉津的消解率没有达到 90%，仅为 76.86%，说明其会长期残留在该土层中并对后茬作物造成影响。从图 5 - 5 可以更加直观地看出，阿特拉津在不同土层中的残留量为 0 ~ 10 cm 最高，20 ~ 30 cm 最低。

本书主要研究了黑龙江省玉米连作区耕地土壤中阿特拉津残留的水平和垂直分布特征。首先，设计了残留的实施方案。试验方案确定后，探索了田间土壤中阿特拉津残留的检测方法，并进行了标准加入回收率试验，阿特拉津的回收率为 90.17% ~ 104.69%，RSD 为 0.79% ~ 2.90%，方法可行。然后对呼兰区玉米连作试验区土壤样品进行了残留检测。

表 5 - 6　阿特拉津在不同时期、不同土层中的残留及消解率

土层深度 /cm	时间 /天	残留量 /(mg·kg⁻¹)	消解率 /%	消解曲线方程 与半衰期
0 ~ 10	7	4.645	0.00	
	15	1.198	74.22	$y = 2.798e^{-0.028x}$
	31	0.800	82.78	$R^2 = 0.903$
	130	0.077	98.34	$T_{1/2} = 24.75$ 天
10 ~ 20	7	0.109	0.00	
	15	0.411	− 275.54	$y = 0.3927e^{-0.011x}$
	31	0.217	47.18	$R^2 = 0.9003$
	130	0.095	76.86	$T_{1/2} = 63$ 天

续表

土层深度 /cm	时间 /天	残留量 /(mg·kg⁻¹)	消解率 /%	消解曲线方程与半衰期
20~30	7	0.034	0.00	
	15	0.202	−488.22	$y = 0.194\,1e^{-0.021x}$
	31	0.066	67.34	$R^2 = 0.920\,6$
	130	0.013	93.68	$T_{1/2} = 33$ 天

结果表明,阿特拉津在黑土中随时间延长残留量是逐渐降低的,其残留会逐渐淋溶到深层土壤,并且阿特拉津在深层土壤有累积的过程,当积累到最高值后便逐渐减少。阿特拉津在 10~20 cm 和 20~30 cm 土层中逐渐累积,在喷施后的第 15 天残留达到最高,之后其残留量逐渐减低。由阿特拉津的消解曲线得知,阿特拉津在黑土不同时期、不同土层中的消解基本符合一级动力学规律,第 130 天时阿特拉津在黑土 0~10 cm、20~30 cm 土层中的消解率均达到93% 以上,半衰期分别为 24.75 天和 33 天,而在 10~20 cm 土层中其消解率仅为 76.86%,半衰期长达 63 天,这些数据表明阿特拉津的化学性质很稳定,在农田环境中降解缓慢,再加上黑龙江地区冬天气温较低,持续时间较长,冻土中微生物活性低,阿特拉津在土壤中的降解更慢,残留时间更长,对后茬作物影响更大。春天到来,冰雪消融,土壤中残留的阿特拉津又会随着地表径流或者淋溶进入地表水或者地下水引起二次污染、面源污染。

5.3 阿特拉津对土壤酶活性的影响

土壤酶是土壤生命活动的生物催化剂,是有效反映土壤肥力的敏感指标。它在土壤中农药的生物转化、能量代谢和生物降解中起着重要作用。一般来说,农药的使用效率不超过 30%,70% 的农药在施用后会留在土壤中。因此,研究农药残留对土壤酶活性的影响,了解土壤肥力和健康状况,有利于有效地指导农业生产,及时有效地预防农药污染带来的潜在影响。

5.3.1 材料与方法

5.3.1.1 试验材料、试剂与仪器

（1）土壤样品

试验土壤样品取自黑龙江省哈尔滨市呼兰区玉米连作试验田。采样时间为5月至10月。试验田的小区设计如下：每个小区最小面积为 25 m²(5 m × 5 m)，2 垄保护行，宽 1 m，小区间隔 0.5 m，按推荐用量(315~395 克/亩)喷施，在不使用杀虫剂的情况下设置空白对照，重复 3 次。清除枯叶、茎、杂草等，分别采集 0~10 cm、10~20 cm、20~30 cm 土层样品。取样后，每个土壤样品分为两份：一份在 -80 ℃ 中保存用于测序；另一份风干除去砾石、植物碎片等杂物后过 40 目和 60 目，在 4 ℃ 中保存待测。

（2）主要试剂

主要试剂见表 5-7。

表 5-7　主要试剂

名称	类别
蔗糖	分析纯
磷酸氢二钠	分析纯
磷酸氢二钾	分析纯
甲苯	分析纯
氢氧化钠	分析纯
酒石酸钾钠	分析纯
3,5-二硝基水杨酸	分析纯
苯酚	分析纯
葡萄糖	分析纯
羧甲基纤维素钠	分析纯

续表

名称	类别
乙醇	分析纯
乙酸	分析纯
乙酸钠	分析纯
尿素	分析纯
柠檬酸	分析纯
丙酮	分析纯
次氯酸钠	分析纯
硫酸铵	分析纯
氢氧化钾	分析纯
氯化铵	分析纯
铁氰化钾	分析纯
4-氨基安替比林	分析纯
磷酸苯二钠	分析纯
重蒸酚	分析纯
乙醚	分析纯
浓盐酸	分析纯
重铬酸钾	分析纯

(3) 主要仪器

主要仪器见表5-8。

表5-8 主要仪器

名称	型号
振荡混合机	VORTEX-5
电子天平	AB104-N
电热恒温培养箱	DNP-9162

续表

名称	型号
电热恒温水浴锅	DK－98－ⅡA
全自动酶标仪	SpectaMax 190
pH 计	PB－10
加热磁力搅拌器	EMS－9A

5.3.1.2　土壤蔗糖酶活性的测定

蔗糖酶与土壤中氮、磷、有机物质、微生物数量及土壤呼吸强度等许多土壤因子相关,能反映出微生物活性、土壤熟化程度与土壤肥力状况。本章采用3,5－二硝基水杨酸比色法,测定土壤蔗糖酶活性。

(1)标准曲线绘制

分别吸 5 mg/mL 标准葡萄糖溶液 0 mL、0.2 mL、0.4 mL、0.6 mL、0.8 mL、1 mL、1.2 mL、1.4 mL 于 50 mL 容量瓶中,以蒸馏水定容,加 3 mL DNS 试剂。沸水加热 5 min,迅速将容量瓶移至自来水流下冷却 3 min。溶液因生成 3－氨基－5－硝基水杨酸而显现橙黄色,最后以蒸馏水稀释至刻度,在 508 nm 波长下测定 OD 值。以 OD_{508} 为纵坐标,以葡萄糖浓度为横坐标,绘制标准曲线。

(2)活性测定

称取 5 g 土壤于 50 mL 三角瓶中,加入 15 mL 8% 蔗糖溶液、5 mL 磷酸缓冲液(pH=5.5)和 5 滴甲苯。摇匀后,37 ℃恒温培养 24 h。取出后迅速过滤. 吸取 1 mL 滤液注入 50 mL 容量瓶中,加 3 mL DNS 试剂。沸水加热 5 min,迅速将容量瓶移至自来水流下冷却 3 min。溶液因生成 3－氨基－5－硝基水杨酸而显现橙黄色,最后以蒸馏水稀释至刻度,在 508 nm 波长下测定 OD 值。为了消除土壤中原有的蔗糖、葡萄糖引起的误差,每一土壤样品需设置无基质对照,整个试验需设无土对照。

(3)结果计算

蔗糖酶活性以 24 h 后 1 g 土壤样品中成的葡萄糖质量(mg)表示。

$$蔗糖酶活性 = (m_{样品} - m_{无土} - m_{无基质}) \times n/m$$

式中:$m_{样品}$为根据土壤样品的 OD_{508} 及标准曲线求得的相应葡萄糖质量;

$m_{无土}$为根据无土对照的 OD_{508} 及标准曲线求得的相应葡萄糖质量;

$m_{无基质}$为根据无基质对照的 OD_{508} 及标准曲线求得的相应葡萄糖质量;

n 为分取倍数;

m 为烘干土壤样品的质量。

5.3.1.3　土壤脲酶活性的测定

脲酶能将尿素水解生成氨、二氧化碳和水。本书采用靛酚蓝比色法,测定脲酶活性。

(1)标准曲线绘制

分别取 1 mL、3 mL、5 mL、7 mL、9 mL、11 mL、13 mL 氮工作液(0.01 mg/mL),于 50 mL 容量瓶中,补加蒸馏水至 20 mL。加入 4 mL 苯酚钠溶液和 3 mL 次氯酸钠溶液,边加边摇匀。20 min 后显色,以蒸馏水稀释至刻度。1 h 内于 578 nm 波长处测 OD 值。以 OD_{578} 为纵坐标,以氮工作液浓度为横坐标,绘制标准曲线。

(2)活性测定

称取 5 g 土样于 50 mL 三角瓶中,加 1 mL 甲苯,振荡均匀。15 min 后加 10 mL 10%尿素溶液和 20 mL 柠檬酸盐缓冲液(pH = 6.7),摇匀后,37 ℃恒温培养 24 h,到时取出,迅速过滤。吸取 3 mL 滤液加入 50 mL 容量瓶中,加 4 mL 苯酚钠溶液和 3 mL 次氯酸钠溶液,边加边摇匀。20 min 后显色,蒸馏水稀释至刻度。1 h 于 578 nm 波长处测 OD 值。

(3)结果计算

以 24 h 后 1 g 土壤中硫酸铵的质量(mg)表示土壤脲酶活性。

$$脲酶活性 = (m_{样品} - m_{无土} - m_{无基质}) \times V \times n/m$$

式中:$m_{样品}$为根据土壤样品的 OD_{578} 及标准曲线求得的相应硫酸铵的质量;

$m_{无土}$为根据无土对照的 OD_{578} 及标准曲线求得的相应硫酸铵的质量;

$m_{无基质}$为根据无基质对照的 OD_{578} 及标准曲线求得的相应硫酸铵的质量;

V 为显色液体积;

n 为分取倍数,即浸出液体积比吸取滤液体积;

m 为烘干土壤样品质量。

5.3.1.4 土壤磷酸酶活性的测定

磷酸酶作为土壤磷素生物转化的重要评价指标,对加快有机磷的脱磷速度,提高土壤磷素的有效性极其重要。本章采用磷酸苯二钠比色法,以磷酸苯二钠作为基质,以酚的释放量表示磷酸酶活性。

(1)标准曲线绘制

在测定样品 OD 值之前,分别取 1 mL、3 mL、5 mL、7 mL、9 mL、11 mL、13 mL 酚工作液于 50 mL 容量瓶中,每瓶分别加 20 mL 蒸馏水、0.25 mL 缓冲液、0.5 mL 4 - 氨基安替比林液、0.5 mL 铁氰化钾溶液。每次加入试剂要充分摇匀,15 min 后显色,用水稀释至刻度。于 510 nm 波长处测 OD 值。以 OD_{510} 为纵坐标,以酚工作液浓度为横坐标,绘制标准曲线。

(2)活性测定

称 5 g 土样于 50 mL 三角瓶中,加入 5 滴甲苯后轻摇,15 min 后再加入 20 mL 0.5% 磷酸苯二钠,充分摇匀后于 37 ℃恒温培养箱中培养 2 h,取培养后的滤液 5 mL,并按照绘制标准曲线所述方法显色,测定 OD_{510}。

(3)结果计算

磷酸酶活性以 2 h 后 100 g 土壤中五氧化二磷的质量(mg)表示。

$$磷酸酶活性 = m \times 80 \times 0.32 \times 2.29$$

式中:m 为 5 mL 滤液中酚的质量(mg);

80 为换算成 100 g 土壤的系数;

0.32 为以磷单位表示结果的系数;

0.29 为将磷换算为五氧化二磷的系数。

5.3.1.5 土壤多酚氧化酶活性的测定

土壤中酚类物质在多酚氧化酶的作用下被氧化成醌,醌又与氨基酸等通过一系列生化过程缩合成最初的胡敏酸分子,也就是说多酚氧化酶是腐殖化的一种媒介。本章采用邻苯三酚比色法,以邻苯三酚为基质,邻苯三酚在多酚氧化酶的作用下生成显色物质紫色没食子素,用乙醚萃取生成的紫色没食子素,测定 OD_{430},用紫色没食子素质量(mg)表示多酚氧化酶活性。

（1）标准曲线绘制

分别取重铬酸钾标准溶液 1 mL、3 mL、5 mL、7 mL、9 mL、11 mL、13 mL 至 50 mL 容量瓶中，用 0.5 mol/L 盐酸稀释至刻度，制成不同浓度的重铬酸钾工作液，每 50 mL 工作液中分别相当于含有紫色没食子素 0.1 mg、0.3 mg、0.5 mg、0.7 mg、0.9 mg、1.1 mg、1.3 mg，然后在 430 nm 波长下测定 OD 值。以 OD_{430} 为纵坐标，以重铬酸钾工作液浓度为横坐标，绘制标准曲线。

（2）活性测定

取 1 g 土壤样品（过 0.25 mm 筛），置于 50 mL 三角瓶中，然后注入 10 mL 1% 邻苯三酚溶液，摇匀后放在 30 ℃ 恒温培养箱中培养 2 h。取出后加 4 mL 柠檬酸磷酸缓冲液（pH = 4.5），加 35 mL 乙醚，用力振荡数次，萃取 30 min。最后，将含溶解的紫色没食子素的着色乙醚相在 430 nm 波长处测定 OD 值。

（3）结果计算

紫色没食子素的质量可根据标准曲线查知。多酚氧化酶活性以 2 h 后 1 g 土壤中紫色没食子素的质量（mg）表示。

$$多酚氧化酶活性 = (m_1 - m_2 - m_3) \times V \times n/m$$

式中，m_1 为土壤样品所得 OD_{430} 在标准曲线上相对应的紫色没食子素的质量；

m_2 为无基质对照所得 OD_{430} 在标准曲线上相对应的紫色没食子素的质量；

m_3 为无土对照所得 OD_{430} 在标准曲线上相对应的紫色没食子素的质量；

V 为显色液体积；

n 为分取倍数，即浸出液体积比吸取滤液体积；

m 为烘干土壤样品质量。

5.3.2 结果与分析

5.3.2.1 土壤蔗糖酶活性

按照上述土壤蔗糖酶活性的测定方法，对所取样品进行酶活性测定，并成功建立土壤蔗糖酶活性标准曲线，如图 5-6 所示，依此计算土壤蔗糖酶活性，得到阿特拉津在黑土不同时期、不同土层中对蔗糖酶活性的影响。

由图 5 - 7 可以看出,在 0 ~ 10 cm 土层施药后,在第 7 天时,喷施阿特拉津的处理组中土壤蔗糖酶活性为 4. 198 mg/g,对照组中土壤蔗糖酶活性为 4. 234 mg/g;在第 15 天时,喷施阿特拉津的处理组中土壤蔗糖酶活性为 3. 596 mg/g,对照组中土壤蔗糖酶活性为 3. 079 mg/g;在第 31 天时,喷施阿特拉津的处理组中土壤蔗糖酶活性为 2. 998 mg/g,对照组中土壤蔗糖酶活性为 4. 011 mg/g;在第 130 天时,喷施阿特拉津的处理组中土壤蔗糖酶活性为 3. 68 mg/g,对照组中土壤磷酸酶活性为 3. 27 mg/g。

从这些数据可以看出,在 0 ~ 10 cm 土层,处理组的土壤蔗糖酶活性的变化与对照组一样都呈现上下波动状态,说明阿特拉津对土壤蔗糖酶活性几乎没有影响。

在 10 ~ 20 cm 土层中,喷施阿特拉津的处理组中土壤蔗糖酶活性的变化趋势与对照组完全一致,进一步证实阿特拉津对土壤蔗糖酶活性没有影响。在 20 ~ 30 cm 土层中,土壤蔗糖酶活性相对较低,处理组和对照组的土壤蔗糖酶活性上下波动,表明土壤蔗糖酶对土壤中的阿特拉津反应不大。这是因为土壤中的蔗糖酶属于胞外酶,来自植物根或微生物,土壤微生物的生长和繁殖不会影响它。总之,随时间的增加阿特拉津对黑土不同土层蔗糖酶活性没有影响。从 3 个土层中的蔗糖酶整体活性来看,10 ~ 20 cm 土层中的蔗糖酶活性显著高于其他两个土层。

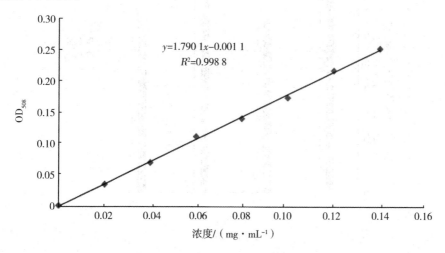

图 5 - 6 土壤蔗糖酶活性标准曲线

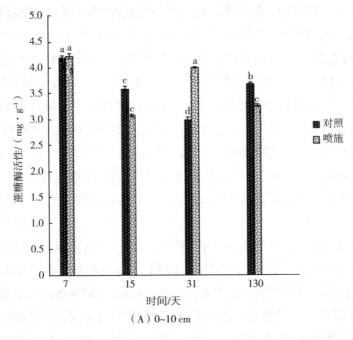

（A）0~10 cm

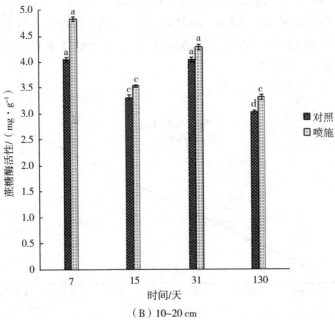

（B）10~20 cm

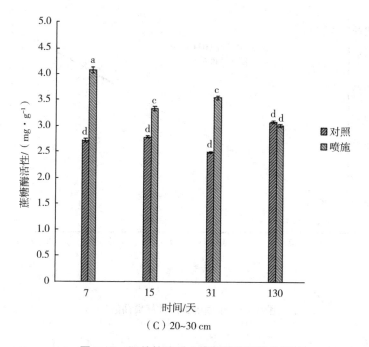

图 5-7 阿特拉津对土壤蔗糖酶活性的影响

注:不同字母表示组间在 $p < 0.05$ 水平上差异显著。

5.3.2.2 土壤脲酶活性

对土壤样品进行脲酶活性的测定,并成功建立土壤脲酶活性标准曲线,如图 5-8 所示,依此进行土壤脲酶活性计算,得到阿特拉津在黑土中不同时期、不同土层中对脲酶活性的影响。

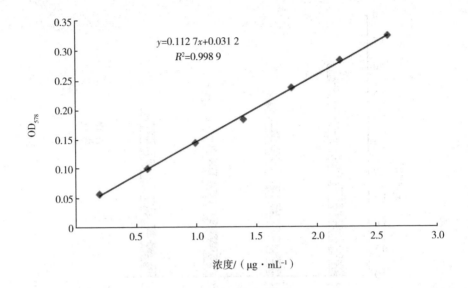

$$y = 0.112\ 7x + 0.031\ 2$$
$$R^2 = 0.998\ 9$$

图 5 - 8　土壤脲酶活性标准曲线

　　从图 5 - 9 可以看出,施用阿特拉津的处理组土壤脲酶活性显著高于对照组,表明阿特拉津刺激土壤脲酶活性升高,其原因可能是阿特拉津可以作为土壤微生物生长的氮源。脲酶能促进尿素分子酰胺肽键的水解,产生的氨是植物氮的来源之一。

　　结果表明,阿特拉津能影响土壤中氮素的转化,土壤脲酶活性与土壤肥力呈正相关,因此阿特拉津能提高土壤肥力水平。

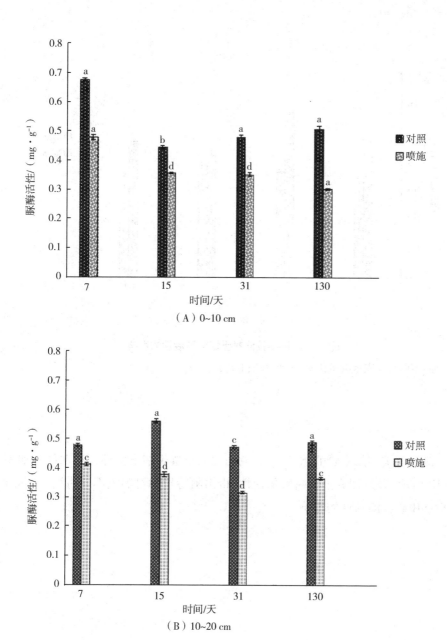

（A）0~10 cm

（B）10~20 cm

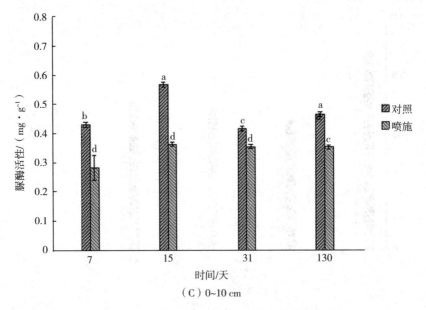

图 5 – 9　阿特拉津对土壤脲酶活性的影响

注：不同字母表示组间在 $p < 0.05$ 水平上差异显著。

5.3.2.3　土壤磷酸酶活性

测定土壤样品中磷酸酶活性，并成功建立土壤磷酸酶活性标准曲线。如图 5 – 10 所示，通过计算土壤磷酸酶活性，得出阿特拉津对黑土不同时期、不同耕作土层中磷酸酶活性的影响。

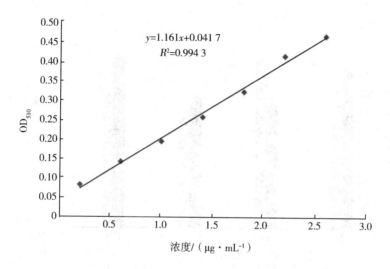

图 5 - 10　土壤磷酸酶活性标准曲线

由图 5 - 11 可以看出,在 0～10 cm 土层施药后,在第 7 天时,喷施阿特拉津的处理组中土壤磷酸酶活性为 14.098 mg/100 g,对照组中土壤磷酸酶活性为 10.968 mg/100 g;在第 15 天时,喷施阿特拉津的处理组中土壤磷酸酶活性为 10.88 mg/g,对照组中土壤磷酸酶活性为 14.65 mg/100 g;在第 31 天时,喷施阿特拉津的处理组中土壤磷酸酶活性为 11.33 mg/100 g,对照组中土壤磷酸酶活性为 9.54 mg/100 g;在第 130 天时,喷施阿特拉津的处理组中土壤磷酸酶活性为 14.91 mg/g,对照组中土壤磷酸酶活性为 11.64 mg/100 g。

从上述这些数据可以看出,在 0～10 cm 土层,处理组中土壤磷酸酶活性的变化与对照组一样都呈现上下波动状态,说明阿特拉津对土壤磷酸酶活性几乎没有影响。在 10～20 cm 土层中,喷施阿特拉津的处理组中土壤磷酸酶活性的变化趋势与对照组完全一致,进一步证实阿特拉津对土壤磷酸酶活性基本无影响。在 20～30 cm 土层中,处理组和对照组中土壤磷酸酶活性随时间的增加呈逐渐升高的变化趋势,即对照组和处理组的变化趋势基本相同,表明土壤磷酸酶对土壤中的阿特拉津几乎没有特殊反应。

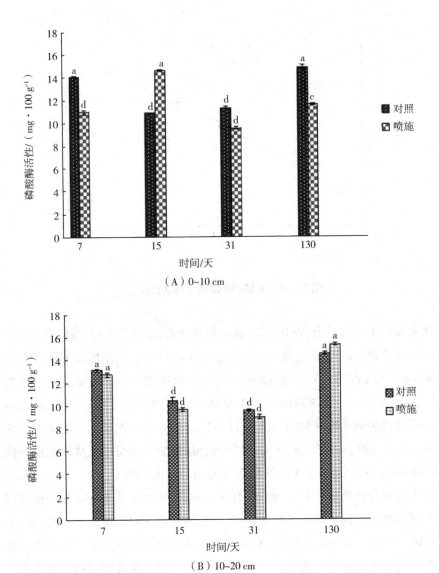

（A）0~10 cm

（B）10~20 cm

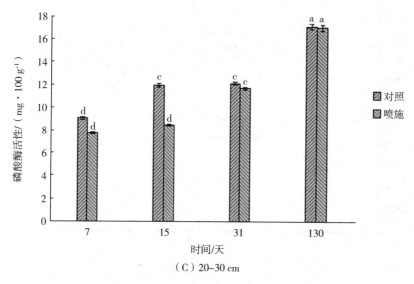

（C）20~30 cm

图 5 - 11　阿特拉津对土壤磷酸酶活性的影响

注:不同字母表示组间在 $p < 0.05$ 水平上差异显著。

总之,随时间的增加阿特拉津对黑土不同土层磷酸酶活性基本没有影响。从 3 个土层的磷酸酶整体活性来看,磷酸酶活性没有明显的变化规律,几乎处于自然波动状态。

5.3.2.4　土壤多酚氧化酶活性

本书测定土壤样品中多酚氧化酶活性,并成功建立了土壤多酚氧化酶活性标准曲线。黑土不同时期、不同土层中阿特拉津对多酚氧化酶活性的影响如图 5 - 12 所示。

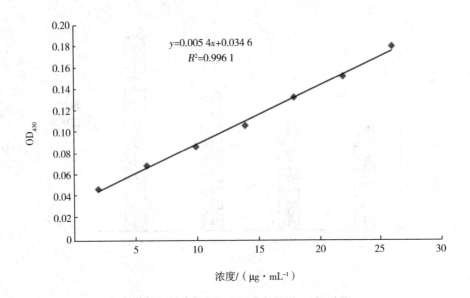

$y=0.005\,4x+0.034\,6$
$R^2=0.996\,1$

图 5-12　土壤多酚氧化酶活性标准曲线

　　0~10 cm 土层中喷施阿特拉津的处理组中土壤多酚氧化酶活性的变化趋势与同一时期、同一土层中阿特拉津残留量的变化趋势一致,表明阿特拉津对土壤多酚氧化酶活性有影响。20~30 cm 土层中喷施阿特拉津的处理组中土壤多酚氧化酶活性高于对照组,表明阿特拉津对土壤多酚氧化酶活性有一定的刺激作用,提高了土壤肥力。

　　阿特拉津对黑土不同时期、不同土层的多酚氧化酶有一定的刺激作用。但随着时间的增加,处理组和对照组中土壤多酚氧化酶活性逐渐降低。

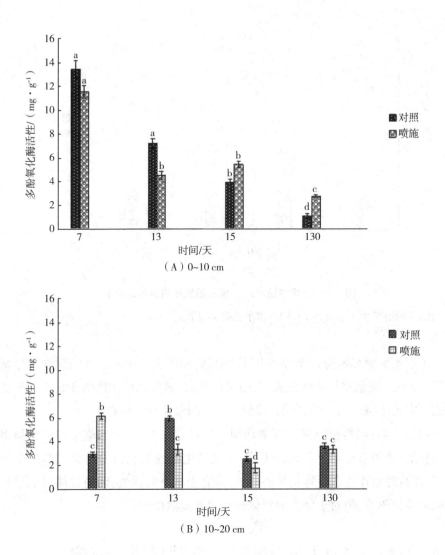

（A）0~10 cm

（B）10~20 cm

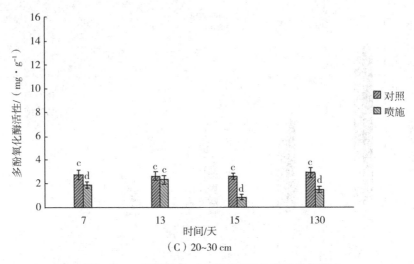

图 5-13　阿特拉津对土壤多酚氧化酶活性的影响

注:不同字母表示组间在 $p < 0.05$ 水平上差异显著。

　　本章主要研究阿特拉津对黑土不同时期、不同土层中酶活性的影响。分别采用 3,5-二硝基水杨酸比色法、靛酚蓝比色法、磷酸二钠比色法和邻苯三酚比色法测定了土壤中蔗糖酶、脲酶、磷酸酶和多酚氧化酶的活性。

　　结果表明:阿特拉津对土壤蔗糖酶基本没有影响,因为土壤中的蔗糖酶属于胞外酶,来源于植物根系或微生物,土壤微生物的生长繁殖不会对其产生影响;阿特拉津可作为微生物生长的氮源,提高土壤脲酶活性;阿特拉津对土壤磷酸酶活性无影响,但对土壤多酚氧化酶活性有刺激作用。

5.4　阿特拉津对土壤微生物群落碳源利用的影响

　　土壤微生物群落的组成复杂多样,对土壤微生物群落多样性的研究方法很多,但都有一定的局限性。传统的纯培养技术极大地限制了对土壤微生物群落结构和功能多样性的研究。然而,Biolog 技术可以根据不同碳源的利用、代谢特征和功能多样性快速反映土壤微生物的整体活性,这种方法比传统的纯培养技术更有效。本章在阐明阿特拉津在黑土不同时期、不同土层中的残留分布特征和土壤酶活性的基础上,结合 Biolog 技术,从定性和定量分析的角度出发,全面分析阿特拉津对黑土不同时期、不同土层中微生物总体活性、碳源利用和群落功能多样性的影响。

5.4.1 材料与方法

5.4.1.1 试验材料、试剂与仪器

(1)土壤样品

土壤样品取自黑龙江省哈尔滨市呼兰区玉米连作试验田。采样时间为5月至10月。

试验田的小区设计如下：每个小区最小面积为25 m²(5 m×5 m)，周围有2垄保护行，宽1 m，间隔0.5 m，除草剂喷施240 m²，按推荐农业用量喷施，在不使用杀虫剂的情况下设置空白对照，每个重复试验3次。清除枯叶、茎、杂草后，分别采集0~10 cm、10~20 cm、20~30 cm耕作土层，采用五点取样法完成取样。取样后，每个土壤样品分为两份，一份土样在-80 ℃中保存测序，另一份风干后除去砾石、植物碎片等杂物，过40目和60目筛，用于分析。

(2)主要试剂

主要试剂见表5-9。

表5-9 主要试剂

名称	规格
氯化钠	分析纯

(3)主要仪器

主要仪器见表5-10。

表5－10　主要仪器

仪器名称	型号
振荡混合机	VORTEX－5
电子天平	AB104－N
电热恒温培养箱	DNP－9162
立式压力蒸汽灭菌器	LDZF－50KB－Ⅲ
超净工作台	DL－CJ－2N

5.4.1.2　Biolog 测定

（1）土壤稀释液的制备

用电子天平称取 5 g 土壤样品（烘干）至干净的 100 mL 已灭菌三角瓶中。此 100 mL 三角瓶中已有 45 mL 已灭菌的 0.85% 氯化钠（生理盐水），摇匀后用封口膜、橡皮筋封口；室温（25 ℃）下 200 r/min 黑暗振荡 1 h；将三角瓶放在无菌操作室，静置 10～30 min 使土壤颗粒沉淀，所得上清液即 10^{-1} 土壤稀释液。吸取 3 mL 上清液至 50 mL 已装入 27 mL 已灭菌的 0.85% 氯化钠的三角瓶中，得到 10^{-2} 土壤稀释液，混匀后依此法再次稀释得到 10^{-3} 土壤稀释液。

（2）ELISA 反应

提前从冰箱取出 Biolog 微孔板，室温预热至 25 ℃。将 10^{-3} 土壤稀释液加到灭菌的 V 型槽里，然后用 8 通道加样器从中吸取土壤稀释液接种到 Biolog 微孔板，每孔 150 μL。每个处理设 3 次重复。Biolog 微孔板上自设 3 次重复，对照孔不含碳源，其他 31 个孔中各含 1 种不同的碳源，31 种碳源的分布（其中 1 个重复）及分类见表 5－11 和表 5－12。把已接种的 Biolog 微孔板放置在黑暗中恒温（25 ℃）培养，培养期分别为 4 h、24 h、48 h、72 h、96 h、120 h、144 h 和 168 h，在 590 nm 和 750 nm 波长下测定 OD 值。

表 5-11　Biolog 微孔板碳源分布

	1	2	3	4
A	对照	β-甲基-D-葡萄糖苷	D-半乳糖酸-γ-内酯	L-精氨酸
B	丙酮酸甲酯	D-木糖	D-半乳糖醛酸	L-天门冬酰胺
C	吐温40	i-赤藓糖醇	2-羟基苯甲酸	L-苯基丙氨酸
D	吐温80	D-甘露醇	4-羟基苯甲酸	L-苯基丙氨酸
E	α-环式糊精	N-乙酰-D-葡萄糖胺	γ-羟丁酸	L-苏氨酸
F	肝糖	D-葡萄糖氨酸	衣康酸	甘氨酰-L-谷氨酸
G	D-纤维二糖	α-D-葡萄糖-1-磷酸	α-丁酮酸	苯乙胺
H	α-D-乳糖	D,L-α-磷酸甘油	D-苹果酸	腐胺

表 5-12 Biolog微孔板碳源分类

糖类	氨基酸类	羧酸类	多聚类	酚类	胺类
β-甲基-D-葡萄糖苷	L-精氨酸	γ-羟丁酸	α-环式糊精	2-羟基苯甲酸	苯乙胺
D-木糖	L-天门冬酰胺	衣康酸	肝糖	4-羟基苯甲酸	腐胺
i-赤藓糖醇	L-苯基丙氨酸	α-丁酮酸	吐温40		
D-甘露醇	L-丝氨酸	D-苹果酸	吐温80		
N-乙酰-D-葡萄糖胺	L-苏氨酸	丙酮酸甲酯			
α-D-葡萄糖-1-磷酸	甘氨酰-L-谷氨酸	D-葡萄糖氨酸			
D,L-α-磷酸甘油		D-半乳糖醛酸			
D-纤维二糖					
α-D-乳糖					
D-半乳糖酸-γ-内酯					

5.4.1.3　数据分析

（1）土壤微生物总体活性指数

土壤微生物总体活性指数是由每个孔的平均颜色变化率（Average Well Color Development，*AWCD*）来表示的，*AWCD* 值可以反映土壤微生物的氧化能力，可以判断土壤微生物碳源利用的整体能力。其计算方法为：

$$AWCD = \frac{\sum (\mathrm{OD}_i - \mathrm{OD}_{A1})}{31}$$

式中：OD_i 为第 i 孔的 OD 值；

OD_{A1} 为 A1 孔的 OD 值（对照孔 OD 值）；

31 为培养基碳源种类；

$\mathrm{OD}_i - \mathrm{OD}_{A1}$ 为负值时则归 0。

（2）土壤微生物碳源利用多样性

采用温育 72 h 时 Biolog 测定所得数据进行分析，使用 Shannon 指数、Simpson 指数和 McIntosh 指数表征土壤微生物碳源利用多样性，计算公式见表 5 − 13。

表 5 − 13　土壤微生物群落多样性指数计算公式

多样性指数	评价用途	计算公式	备注
Shannon 指数 H'	评估种群的丰富度和均一度	$H' = - \sum P_i \cdot \ln P_i$	P_i 为第 i 孔的相对 OD 值与整个平板相对 OD 值总和的比值
Simpson 指数 D'	评价最常见种群的优势度	$D' = 1 - \sum P_i^2$	P_i 同上
McIntosh 指数 U	评估种群的均一性	$U = \sqrt{\sum n_i^2}$	n_i 为第 i 孔的相对 OD 值（各孔 OD 值 − 对照孔 OD 值）

（3）土壤微生物碳源相对利用率

土壤微生物对 Biolog 微孔板中六类碳源的相对利用率为微生物对某一类碳源利用程度占六类碳源利用程度的百分比，均以 AWCD 为计算指标，六类碳源相对利用率之和为100%。

（4）数据处理

采用 Microsoft Excel 2016 软件对试验数据进行平均值、标准偏差等基本统计处理并绘制图片；采用 SPSS16.0 软件进行 One – way ANOVA 方差分析；采用 Duncan 检验法对 AWCD 值、土壤微生物群落多样性指数、碳源利用率等指标进行差异显著性检验。

5.4.2 结果与分析

5.4.2.1 不同时期、不同土层土壤微生物的 AWCD

施用7天后，从图5 – 14 可以看出，在0～10 cm 土层中，对照组土壤微生物的总体活性显著高于处理组，表明高浓度阿特拉津抑制了土壤中微生物活性；10～20 cm 土层中微生物活性与0～10 cm 土层中的微生物活性表现出相同的趋势，即对照组高于处理组，但微生物总体活性在3个土层中最高，表明该土层微生物在3个土层中最为活跃；对于20～30 cm 土层，微生物总体活性与其他两个土层相反，即处理组高于对照组，这可能是低剂量阿特拉津刺激了土壤中微生物活性。总之，施用7天后，3个土层中微生物的总体活性为10～20 cm ＞0～10 cm ＞20～30 cm。

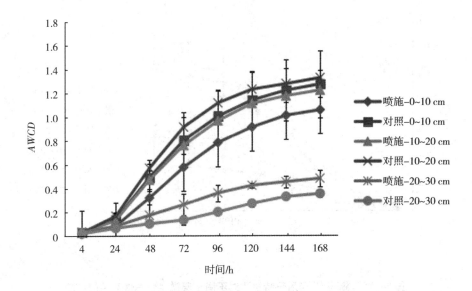

图 5 - 14　施药 7 天后阿特拉津对不同土层微生物总体活性的影响

从图 5 - 15 可以看出,在 0 ~ 10 cm 土层中,对照组微生物总体活性高于处理组,说明高浓度阿特拉津抑制了土壤微生物活性。在 10 ~ 20 cm 土层中,土壤微生物总体活性对照组低于处理组。对于 20 ~ 30 cm 土层,处理组微生物总体活性受到抑制,即处理组低于对照组。可能是随着施用时间的延长,表层土壤中残留的阿特拉津逐渐渗入 20 ~ 30 cm 土层,导致土层中阿特拉津残留量增加,从而抑制了土壤中微生物活性。

施用 15 天后,由于阿特拉津在表层土壤中的残留量减少并渗入土壤深层,阿特拉津对 0 ~ 10 cm 土层微生物总体活性的抑制作用减弱。阿特拉津残留量虽然在 10 ~ 20 cm 土层中增加,但并不抑制微生物活性,而是使土壤微生物总体活性增加。阿特拉津抑制 20 ~ 30 cm 土层中微生物总体活性。总体而言,3 个土层中各处理组的微生物总体活性由高到低为 0 ~ 10 cm > 10 ~ 20 cm > 20 ~ 30 cm。

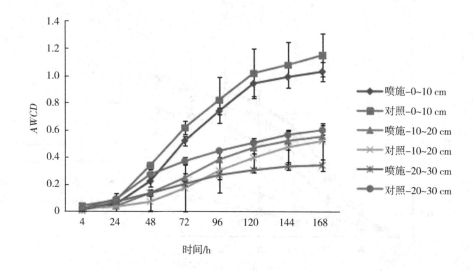

图 5 – 15　施药 15 天后阿特拉津对不同土层微生物总体活性的影响

施药后 31 天,从图 5 – 16 可以看出:在 0 ~ 10 cm 土层中,随着施药后时间的延长,阿特拉津在土壤中的残留量减少,受阿特拉津抑制的微生物总体活性在处理组逐渐恢复,甚至逐渐高于对照组。在 10 ~ 20 cm 土层中,处理组微生物总体活性高于对照组,因为随着施用时间的延长,土壤中阿特拉津残留量逐渐减少或阿特拉津淋溶到更深的土层中,土壤中微生物活性呈上升趋势。20 ~ 30 cm 土层中,处理组微生物总体活性高于对照组,可能是土壤中残留的阿特拉津随着施用时间的延长逐渐减少或逐渐渗入更深的土层,土壤中被抑制的微生物总体活性逐渐恢复并呈上升趋势。

施用 31 天后,由于阿特拉津残留量在土层中减少和阿特拉津向深层土壤淋溶,0 ~ 10 cm 土层中受抑制的微生物总体活性逐渐恢复,10 ~ 20 cm 土层中微生物总体活性继续升高,20 ~ 30 cm 土层中微生物总体活性由被抑制变为被刺激。3 个土层中各处理组微生物总体活性由高到低为 0 ~ 10 cm > 10 ~ 20 cm > 20 ~ 30 cm。

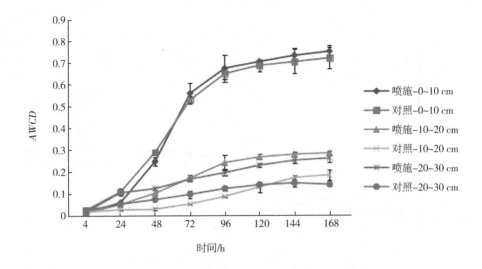

图 5 - 16 施药 31 天后阿特拉津对不同土层微生物总体活性的影响

施药 130 天后,从图 5 - 17 可以看出:在 0~10 cm 土层中,随着施药时间的延长,阿特拉津在土壤中的残留量减少,处理组的微生物总体活性高于对照组,表明受阿特拉津影响的微生物总体活性已完全恢复,低浓度阿特拉津刺激微生物总体活性增加。在 10~20 cm 土层中,对照组的微生物总体活性低于处理组,这可能是由于阿特拉津在土壤中的残留量随着施用时间的延长逐渐减少或阿特拉津渗入更深的土层,土壤中微生物总体活性呈上升趋势,施用后 15 天和 31 天土壤中微生物总体活性最高,这可能与阿特拉津残留量在 10~20 cm 土层中最高有关。20~30 cm 土层中,处理组的微生物总体活性高于对照组。可能是因为随着施用时间的延长,阿特拉津在土壤中的残留量逐渐减少或阿特拉津逐渐淋溶到更深土层中。土壤中微生物总体活性继续呈上升趋势,高于施用后31 天。

施药后 130 天,由于阿特拉津在土层中的残留量随着时间的推移而减少,阿特拉津逐渐渗入土壤深层,0~10 cm 土层中的微生物总体活性逐渐恢复,呈升高趋势。10~20 cm 土层中微生物总体活性持续升高,高于 15 天时和 31 天时。20~30 cm 土层中微生物总体活性持续升高且高于 31 天时。总体上 3 个土层中微生物活性由高到低为 10~20 cm > 0~10 cm > 20~30 cm。

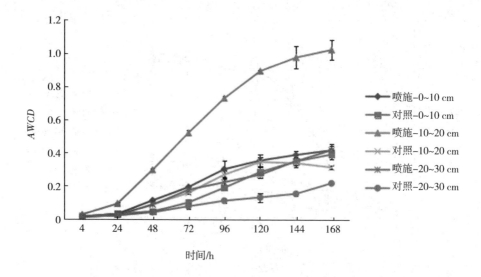

图 5 - 17　施药 130 天后阿特拉津对不同土层微生物总体活性的影响

喷施阿特拉津后 7 天、15 天、31 天和 130 天,微生物总体活性最高的土层分别为 10 ~ 20 cm、0 ~ 10 cm、0 ~ 10 cm 和 10 ~ 20 cm,而 20 ~ 30 cm 土层的微生物总体活性在 3 个土层中始终最低。可以预测,阿特拉津在土壤中的垂直分布会导致土壤中微生物总体活性的变化,黑土各土层微生物总活体性之和随着施用时间的延长而逐渐降低。

5.4.2.2　阿特拉津对不同土层微生物碳源利用多样性的影响

Shannon 指数、Simpson 指数、McIntosh 指数等可以反映微生物碳源利用多样性,因此可以用来衡量微生物群落功能多样性。

(1)不同时期、不同土层土壤微生物群落的 Shannon 指数

根据前述的方法,选择培养 72 h 的土壤样品的 OD 值来计算 Shannon 指数。以施药后不同取样时间为横坐标,以 Shannon 指数为纵坐标作图,评价阿特拉津对寒地黑土不同时期、不同土层微生物群落丰富度的影响,结果如图 5 - 18所示。

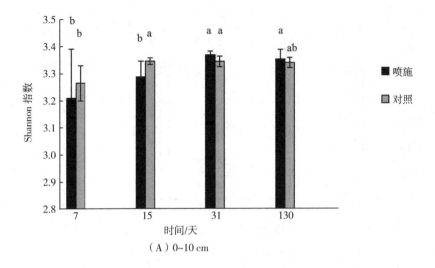

（A）0~10 cm

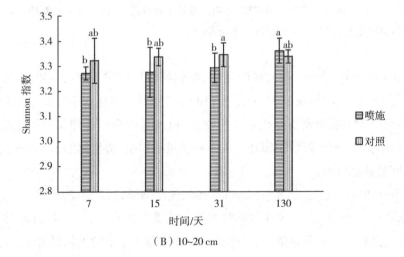

（B）10~20 cm

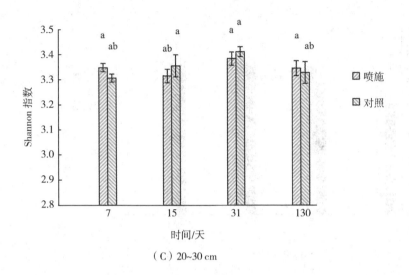

（C）20~30 cm

图 5 – 18　阿特拉津对不同时期、不同土层微生物群落 Shannon 指数的影响

注:不同字母表示组间在 $p < 0.05$ 水平上差异显著。

在 0 ~ 10 cm 土层中,与对照组相比,喷施阿特拉津的土壤微生物 Shannon 指数在第 15 天下降,并在第 31 天和第 130 天恢复到对照组水平。这与阿特拉津在 0 ~ 10 cm 土层中残留变化规律相吻合,也就是说阿特拉津抑制了土壤微生物群落丰富度,随着阿特拉津在土壤中残留量的减少,微生物的 Shannon 指数便逐渐恢复甚至增加。

在 10 ~ 20 cm 土层,处理组 Shannon 指数先受抑制,然后逐渐增加。

在 20 ~ 30 cm 土层中,喷施阿特拉津的土壤微生物的 Shannon 指数第 15 天最低,此时阿特拉津残留量最高,表明阿特拉津抑制了土壤微生物群落丰富度。

（2）不同时期、不同土层土壤微生物群落的 Simpson 指数

选取培养 72 h 的土壤样品的 OD 值进行 Simpson 指数的计算,以施药后不同取样时间为横坐标,以 Simpson 指数为纵坐标作图,以此来评价阿特拉津对寒地黑土不同时期、不同土层微生物群落的最常见物种的优势度的影响,结果如图 5 – 19 所示。

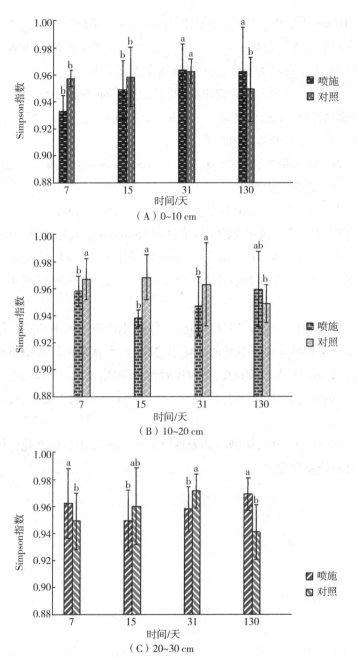

图 5 - 19　阿特拉津对不同时期、不同土层微生物群落 Simpson 指数的影响

注:不同字母表示组间在 $p < 0.05$ 水平上差异显著。

在 0 ~ 10 cm 土层中，阿特拉津处理组的 Simpson 指数的变化趋势与该土层阿特拉津残留量的变化趋势一致，表明阿特拉津抑制了土壤微生物群落中的优势物种。第 31 天没有显著变化，但在第 130 天显著增加。

在 10 ~ 20 cm 土层中，阿特拉津处理组的 Simpson 指数变化趋势与该土层阿特拉津残留量的变化趋势吻合，但与该土层微生物总体活性的变化趋势不同，这与该土层微生物群落结构有关。

在 20 ~ 30 cm 土层中，阿特拉津处理组的 Simpson 指数在第 7 天显著增加，在第 15 天降低，之后逐渐增加。

（3）不同时期、不同土层土壤微生物群落的 McIntosh 指数

选取培养 72 h 的土壤样品的 OD 值进行 McIntosh 指数的计算，以施药后不同取样时间为横坐标，以 McIntosh 指数为纵坐标作图，评价阿特拉津对寒地黑土不同时期、不同土层微生物群落的物种均一性变化的影响，结果如图 5 – 20 所示。

在 0 ~ 10 cm 土层中，与对照组相比，阿特拉津处理组的 McIntosh 指数的变化趋势与该土层阿特拉津残留量的变化趋势吻合，也就是说阿特拉津抑制了土壤微生物的 McIntosh 指数，随着阿特拉津残留量降低，McIntosh 指数逐渐降低。

在 10 ~ 20cm 土层中，阿特拉津处理组的 McIntosh 指数先被抑制，之后逐渐升高。

在 20 ~ 30 cm 土层中，阿特拉津处理组的 McIntosh 指数的变化也体现出阿特拉津对其的抑制作用。

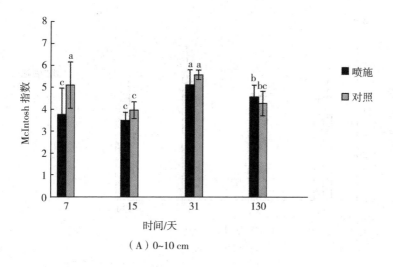

（A）0~10 cm

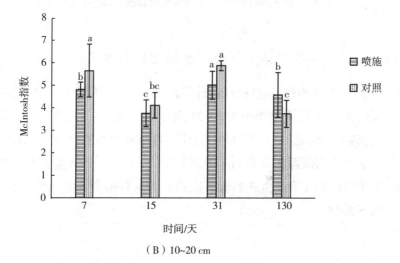

（B）10~20 cm

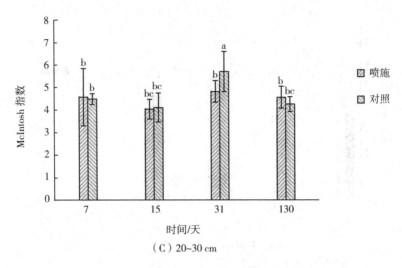

（C）20~30 cm

图 5-20　阿特拉津对不同时期、不同土层微生物群落 McIntosh 指数的影响

5.4.2.3　土壤微生物群落对不同碳源的相对利用率

选择培养 72 h 土壤样品进行分析,计算出不同时期、不同土层微生物群落对六类碳源的相对利用率,结果如图 5-21、图 5-22、图 5-23、图 5-24 所示,施药第 7 天、第 15 天、第 31 天、第 130 天,处理组与对照组的比较结果表明,土壤微生物群落对不同碳源相对利用率的差异不大,但从整个试验来看,微生物群落对六类碳源的利用程度由高到低依次为糖类 > 羧酸类 > 氨基酸类 > 聚合物类 > 胺类 > 酚类。

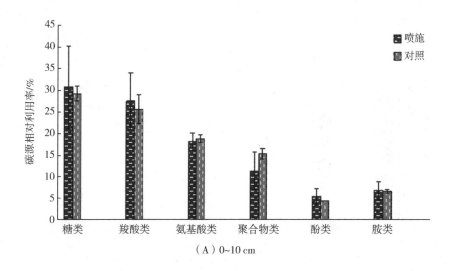

（A）0~10 cm

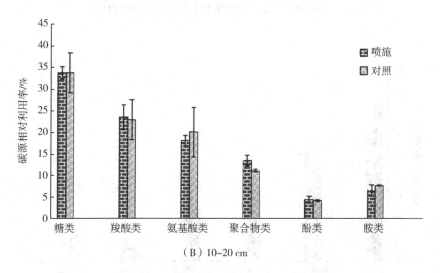

（B）10~20 cm

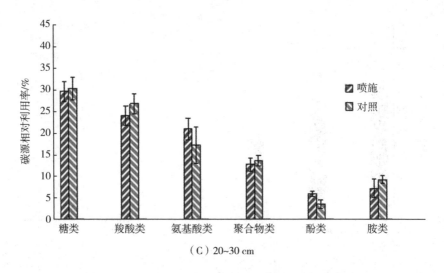

（C）20~30 cm

图 5－21　施药第 7 天土壤微生物群落对不同碳源的相对利用率

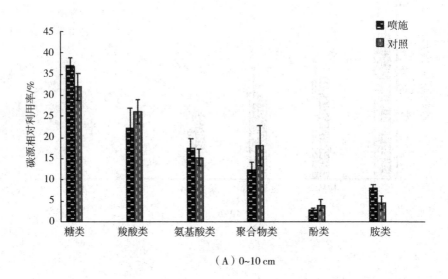

（A）0~10 cm

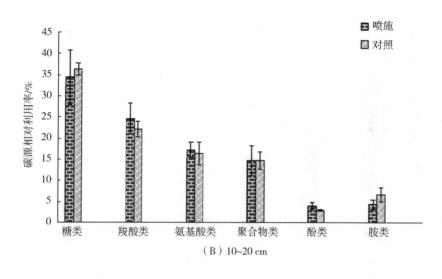

（B）10~20 cm

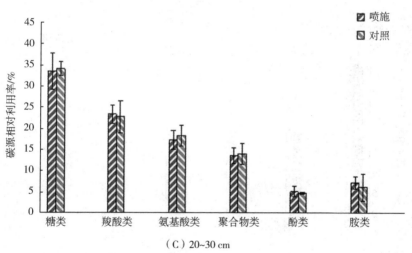

（C）20~30 cm

图 5－22　施药第 15 天土壤微生物群落对不同碳源的相对利用率

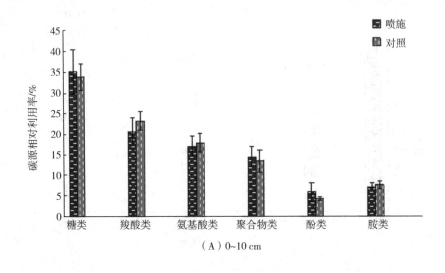

（A）0~10 cm

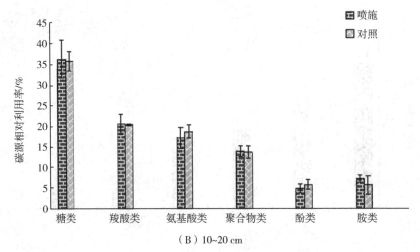

（B）10~20 cm

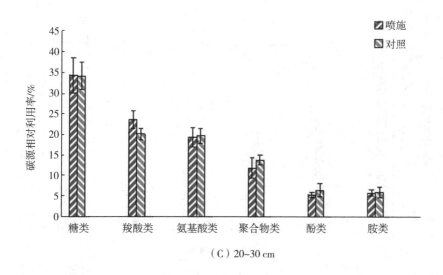

（C）20~30 cm

图 5 - 23　施药第 31 天土壤微生物群落对不同碳源的相对利用率

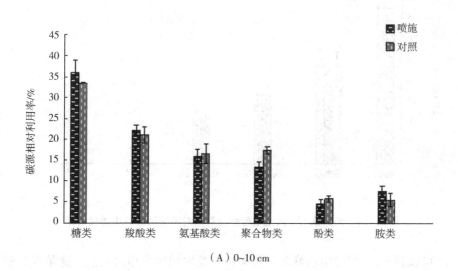

（A）0~10 cm

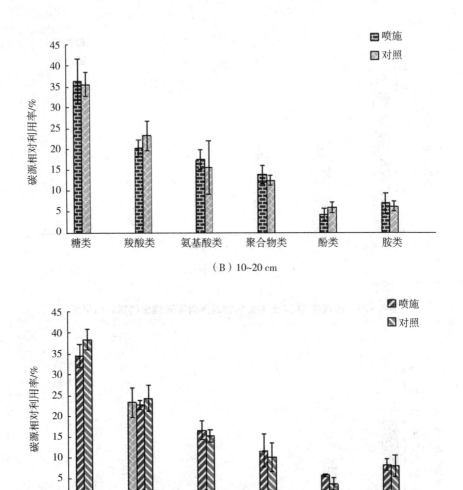

（B）10~20 cm

（C）20~30 cm

图 5-24 施药第 130 天土壤微生物群落对不同碳源的相对利用率

可以看出,土壤微生物群落对酚类和胺类的利用率相对较低。这是因为前几类碳源可以直接参与土壤微生物的生命活动,更容易被大多数微生物利用。

5.4.2.4 土壤微生物群落功能多样性与阿特拉津残留、酶活性的相关性

土壤微生物群落功能多样性与阿特拉津残留、酶活性的相关性分析,见表

5 – 14。结果表明,阿特拉津与脲酶和多酚氧化酶在 $p < 0.01$ 水平上显著相关,表明阿特拉津能提高脲酶和多酚氧化酶的活性。多酚氧化酶与羧酸类碳源和 $AWCD$ 呈显著正相关。蔗糖酶与 $AWCD$ 和 McIntosh 指数显著相关,阿特拉津与羧酸碳源、氨基酸和 McIntosh 指数显著相关。Shannon 指数、Simpson 指数和 McIntosh 指数之间存在非常显著的相关性。阿特拉津与 Shannon 指数和 Simpson 指数呈显著负相关($p < 0.01$),表明阿特拉津能抑制微生物多样性。Shannon 指数与羧酸类碳源、脲酶、蔗糖酶呈显著负相关。

根据土壤微生物 $AWCD$ 值的变化趋势,结合阿特拉津残留的变化特征,可以预测,阿特拉津在土壤中的垂直分布导致土壤中微生物总体活性变化,各土层微生物的总体活性也会随着施用时间的延长而下降。

在黑土中,阿特拉津在不同采样时间对不同土层中微生物群落碳源利用和功能多样性的影响可以用 Shannon 指数、Simpson 指数和 McIntosh 指数表征。0 ~ 10 cm 和 20 ~ 30 cm 土层中阿特拉津抑制了土壤微生物多样性。10 ~ 20 cm 土层中土壤微生物多样性的变化与阿特拉津残留量的变化规律基本一致,但这种变化趋势与同一土层中微生物总体活性的变化趋势不同,这可能是由该土层中微生物相对活跃的部分所致,一些微生物种群对阿特拉津敏感,这与该土层中的微生物群落有关。

阿特拉津不影响不同时期、不同土层微生物对六类碳源的相对利用率。也就是说,施用阿特拉津没有改变土壤微生物的代谢类型。然而,从整个试验来看,微生物对六类碳源的利用程度依次为糖类 > 羧酸类 > 氨基酸类 > 聚合物类 > 胺类 > 酚类,土壤微生物对酚类和胺类的利用率相对较低。这可能是因为前几类碳源可以直接参与土壤微生物的生命活动,并且更容易被大多数微生物利用。

表 5 - 14 土壤微生物群落功能多样性与阿特拉津残留、酶活性的相关性分析

	转化酶	脲酶	磷酸酶	多酚氧化酶	阿特拉津残留	糖类	羧酸类	氨基酸类	聚合物类	酚类	AWCD	Shannon指数	Simpson指数	McIntosh指数
转化酶	1													
脲酶	-0.023	1												
磷酸酶	-0.242	0.261	1											
多酚氧化酶	0.387	0.542**	0.032	1										
阿特拉津残留	0.216	0.613**	0.13	0.728**	1									
糖类	-0.161	-0.112	0.306	-0.439*	-0.242	1								
羧酸类	0.096	0.228	0.104	0.532**	0.417*	-0.620**	1							
氨基酸类	0.227	0.088	-0.456*	0.174	0.043	-0.443*	-0.084	1						
聚合物类	-0.093	-0.218	-0.268	-0.048	-0.212	-0.221	-0.1	-0.255	1					
酚类	-0.219	0.055	0.124	-0.165	0.049	-0.153	-0.328	0.295	-0.029	1				

续表

	转化酶	脲酶	磷酸酶	多酚氧化酶	阿特拉津残留	糖类	羧酸类	氨基酸类	聚合物类	酚类	胺类	AWCD	Shannon指数	Simpson指数	McIntosh指数
胺类	0.209	0.009	0.069	-0.044	-0.007	0.065	0.041	-0.045	-0.583**	-0.272	1				
AWCD	0.410*	0.32	0.074	0.638**	0.271	-0.324	0.269	0.261	0.054	-0.281	0.016	1			
Shannon指数	-0.486*	-0.551**	0.022	-0.723**	-0.626**	0.304	-0.582**	0.053	0.103	0.342	-0.107	-0.394	1		
Simpson指数	0.006	-0.363	-0.092	-0.38	-0.523**	0.036	-0.488*	0.32	0.115	0.187	0.056	0.099	0.682**	1	
McIntosh指数	0.411*	-0.29	-0.235	-0.2	-0.337	-0.045	-0.432*	0.515*	-0.083	0.308	0.087	0.116	0.375	0.608**	1

注：* 表示在 $p<0.05$ 水平（双侧）上显著相关，** 表示在 $p<0.01$ 水平（双侧）上显著相关。

5.5　阿特拉津对土壤微生物群落的影响

土壤微生物在土壤养分循环、有机物质分解、土壤团聚体结构形成、作物病害传播和生物防治、土壤养分有效性等方面发挥着重要作用。但是,在土壤、水等环境中,微生物复杂多样,99.9%以上的微生物难以培养,普通分子生物学技术成本高、操作复杂,不利于深入探索微生物多样性,而高通量测序技术可以解决这些问题。高通量测序技术测序成本低,测序量比常规测序高出数百倍,极大地促进了难培养微生物的研究,开启了环境微生物多样性研究的新高潮。

5.5.1　材料与方法

5.5.1.1　材料、试剂与仪器

（1）土壤样品

土壤样品取自黑龙江省哈尔滨市呼兰区玉米连作试验田。采样时间为5月至10月。

试验田的小区设计如下:每个小区最小面积为 25 m^2(5 m×5 m),周围有2垄保护行,宽1 m,间隔 0.5 m,一种除草剂喷施 240 m^2,按推荐农业用量喷施,在不使用杀虫剂的情况下设置空白对照,每个试验重复3次。清除枯叶、茎、杂草后,分别于 0～10 cm、10～20 cm、20～30 cm 耕作土层采用五点取样法完成取样。取样后,每个土壤样品分为两份,一份在 −80 ℃中保存测序,另一份风干后除去砾石、植物碎片等杂物,过40目和60目筛,用于分析。

（2）主要试剂

主要试剂见表 5 – 15。

表 5 – 15　主要试剂

名称	规格
DNA 聚合酶	200 U
dNTP	100 mol/L

（3）主要仪器

主要仪器见表 5 - 16。

表 5 - 16 主要仪器

仪器名称	型号
Qubit 荧光定量系统	Qubit3.0 Fluorometer
Miseq 测序仪	Bench - top
PCR 仪	9700

5.5.1.2 细菌 16S rDNA 测序

利用相应试剂盒提取基因组 DNA，并根据指定的测序区域设计和合成特异性引物，用于 PCR 扩增和产品纯化。根据电泳的初步定量结果，用 Qubit 荧光定量系统测定 PCR 产物的浓度，根据每个样品的测序量要求，按相应比例混合均匀，制备 Miseq 文库，进行 Miseq 高通量测序。

5.5.2 结果与分析

5.5.2.1 阿特拉津对不同时期、不同土层细菌群落的影响分析

（1）阿特拉津对黑土不同时期、不同土层细菌群落结构的影响分析

阿特拉津在黑土不同时期、不同土层中门分类水平上细菌群落结构分析结果（图 5 - 25、图 5 - 26、图 5 - 27）显示，在 0 ~ 10 cm 土层，细菌群落主要有 12 种，相对丰度从高到低依次为变形菌门（Proteobacteria）、酸杆菌门（Acidobacteria）、放线菌门（Actinobacteria）、芽单胞菌门（Gemmatimonadetes）、拟杆菌门（Bacteroidetes）、绿弯菌门（Chloroflexi）、疣微菌门（Verrucomicrobia）、硝化螺旋菌门（Nitrospirae）、浮霉菌门（Planctomycetes）、厚壁菌门（Firmicutes）、TM7、蓝藻门（Cyanophyta），而 10 ~ 20 cm 和 20 ~ 30 cm 土层细菌群落结构与 0 ~ 10 cm 土层相比，缺少了 TM7、蓝藻门两类。从 3 个土层细菌群落结构和分布来看，变形菌门、酸杆菌门、放线菌门、芽单胞菌门为优势菌门，大约占样品总相对丰度的

79.56%。

3 个土层的细菌群落结构在门水平上基本相同,但类群相对丰度略有不同。随着施用时间的延长,阿特拉津改变了黑土不同时期和不同土层细菌群落的相对丰度。

在 0 ~ 10 cm 土层中,芽单胞菌门相对丰度的变化趋势与阿特拉津残留量的变化规律相反。蓝藻门、变形杆菌门、TM7 相对丰度的变化趋势与阿特拉津残留量的变化趋势一致。

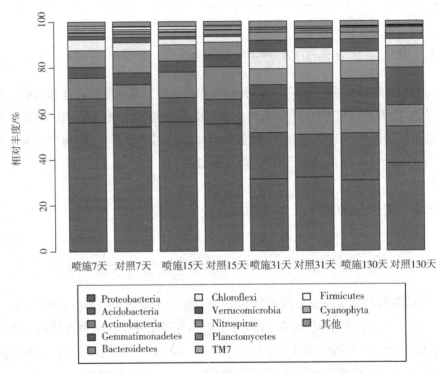

图 5 – 25　0 ~ 10 cm 土层门分类水平上细菌群落结构图

在 10 ~ 20 cm 土层中,变形菌门的相对丰度的变化趋势与阿特拉津残留量的变化趋势一致,芽单胞菌门的相对丰度的变化趋势与阿特拉津残留量的变化趋势完全相反。随着施用时间的推移,厚壁菌门的相对丰度下降。变形菌门、酸杆菌门、放线菌门和芽单胞菌门为优势菌,约占样品总相对丰度的 80.5%。

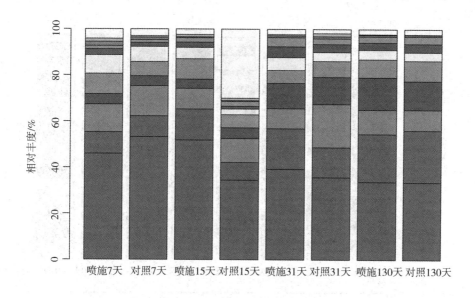

图 5 - 26　10 ~ 20 cm 土层门分类水平上细菌群落结构图

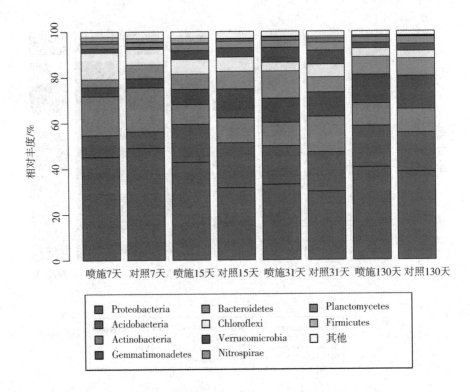

图 5 – 27　20 ~ 30 cm 土层门分类水平上细菌群落结构图

　　在 20 ~ 30 cm 土层中,厚壁菌门相对丰度的变化趋势与阿特拉津残留量的变化趋势一致,放线菌门相对丰度的变化趋势与阿特拉津残留的变化趋势完全相反。随着施用时间的延长,酸杆菌门和芽单胞菌门的相对丰度不断增加,其生长率分别为 87.97% 和 215% 。绿弯菌门的相对丰度随着施用时间的延长而持续下降。变形菌门、酸杆菌门、放线菌门和芽单胞菌门为优势菌,约占样品总相对丰度的 77.8% 。

　　从属分类水平(图 5 – 28)来看,0 ~ 10 cm 土层细菌群落主要有 27 个属,其中 *Kaistobacter*、*Nitrospira*(硝化螺菌属)、DA101、*Flavisolibacter*、*Candidatus Solibacter*、*Rhodoplanes*(红游动菌属)这 6 种菌属的相对丰度约占 70% ,属于 0 ~ 10 cm土层的优势菌群。

　　在 0 ~ 10 cm 土层,喷施处理组有 8 种菌属[*Acinetobacter*(不动杆菌属)、*Aeromicrobium*(气微菌属)、*Streptomyces*(链霉菌属)、*Stenotrophomonas*(窄食单胞

菌属）、*Delftia*、*Nocardioides*（类诺卡氏菌属）、*Candidatus Koribacter*、*Kribbella*]的相对丰度变化与土壤中阿特拉津的残留变化趋势基本一致。

喷施后第 7 天,其相对丰度高于同期对照组,呈上升趋势;喷施后第 15 天,其相对丰度上升至最高(高于同期对照组)。然后在喷施后的第 31 天和第 130 天,随着土壤中阿特拉津残留量的持续下降,对照组的相对丰度在施用后的不同时期表现出与处理组相同的趋势,但处理组相对丰度的上升和下降比对照组更为显著。

在 0～10 cm 土层,喷施处理组有 7 种菌属[DA101、*Flavisolibacter*、*Rubrobacter*（红色杆菌属）、*Opitutus*（丰佑菌属）、*Ramlibacter*、*Bacillus*（芽孢杆菌属）、*Hymenobacter*（薄层菌属）]的相对丰度变化与土壤中阿特拉津的残留变化趋势基本相反。

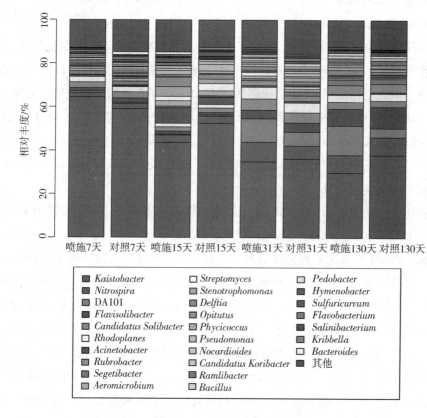

图 5 - 28　0～10 cm 土层属分类水平上细菌群落结构图

在喷施后第 7 天,处理组的相对丰度低于同期对照组,呈现下降的趋势,在喷施后 15 天,其相对丰度下降到最低(低于同期对照组)。之后在喷施后第 31 天和 130 天随着土层中阿特拉津残留量的连续下降而连续上升,并且在喷施后第 130 天时其土层中的相对丰度达到最高值或者保持稳定状态。对照组的相对丰度在喷施后的不同时期呈现出与处理组相同的趋势,但是处理组的相对丰度比对照组上升与下降得更加显著。另外,*Kaistobacter* 与 *Flavobacterium*(黄杆菌属)的相对丰度随着喷施时间的延长,分别下降 78.6%、85.6%,而硝化螺菌属在喷施后第 31 天增加了 91.9%,并且增加到最高值,例外的是 *Phycicoccus* 的相对丰度保持不变。

从图 5-29 中可以看出,10~20 cm 土层细菌群落主要有 34 个属类,其中 *Kaistobacter*、*Nitrospira*、DA101、红游动菌属、*Flavisolibacter*、*Pseudomonas*(假单胞菌属)、*Candidatus Solibacter* 这 7 种菌属的相对丰度占 60% 左右,属于该土层的优势菌群。在 10~20 cm 土层,处理组有 5 种菌属(*Rhodoplanes*、假单胞菌属、窄食单胞菌属、*Delftia*、*Kribbella*)的相对丰度变化与土壤中阿特拉津的残留变化趋势一致。而红色杆菌属、类诺卡氏菌属、*Ramlibacter* 这 3 种菌属的变化趋势与之相反。此外,处理组有 9 种菌属[*Kaistobacter*、不动杆菌属、芽孢杆菌属、链霉菌属、气微菌属、*Salinibacterium*、*Devosia*、黄杆菌属、*Caulobacter*(柄杆菌属)]的相对丰度随着施药时间的推移呈现连续下降的趋势,而 *Flavisolibacter* 与 *Aquicella* 的相对丰度则连续上升。

如图 5-30 中所示,20~30 cm 土层细菌群落主要有 32 个属类,其中 *Kaistobacter*、DA101、*Nitrospira*、红游动菌属、*Flavisolibacter*、*Candidatus Solibacter*、假单胞菌属、红色杆菌属这 8 种菌属的相对丰度约占 60% 以上,属于该土层的优势菌群。在 20~30 cm 土层,处理组有 7 种菌属(*Candidatus Solibacter*、不动杆菌属、芽孢杆菌属、*Delftia*、*Devosia*、窄食单胞菌属、*Candidatus Koribacter*)的相对丰度随着施药时间的推移呈现连续下降的趋势,而 *Rhodanobacter*、*Ramlibacter* 与 *Burkholderia*(伯克氏菌属)的相对丰度则连续上升。另外,处理组有 2 种菌属(假单胞菌属、*Steroidobacter*)的相对丰度变化与土壤中阿特拉津的残留变化趋势一致。而类诺卡氏菌属、*Phycicoccus* 与链霉菌属这 3 种菌属的变化趋势与之相反。*Kaistobacter* 的相对丰度随着阿特拉津残留量的下降连续下降,在 20~30 cm 土层中施药后第 31 天出现最低值。*Kaistobacter* 的相对丰度随着土层深度的增加而下降。对照组也呈现同样的规律,但是其相对丰度普遍高于处理组。其他分类水平微生物群落组成见图 5-31~图 5-32。

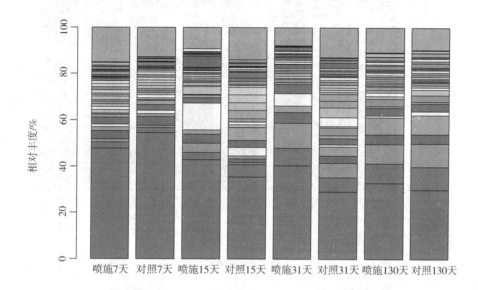

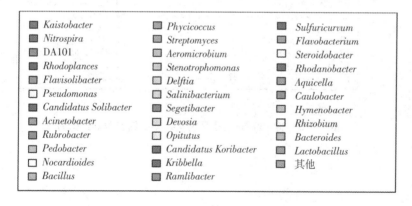

■ *Kaistobacter*	■ *Phycicoccus*	■ *Sulfuricurvum*
■ *Nitrospira*	■ *Streptomyces*	■ *Flavobacterium*
□ DA101	■ *Aeromicrobium*	□ *Steroidobacter*
■ *Rhodoplances*	■ *Stenotrophomonas*	■ *Rhodanobacter*
■ *Flavisolibacter*	□ *Delftia*	■ *Aquicella*
□ *Pseudomonas*	■ *Salinibacterium*	■ *Caulobacter*
■ *Candidatus Solibacter*	■ *Segetibacter*	■ *Hymenobacter*
■ *Acinetobacter*	■ *Devosia*	□ *Rhizobium*
■ *Rubrobacter*	□ *Opitutus*	■ *Bacteroides*
■ *Pedobacter*	■ *Candidatus Koribacter*	■ *Lactobacillus*
□ *Nocardioides*	■ *Kribbella*	■ 其他
■ *Bacillus*	■ *Ramlibacter*	

图 5-29 10~20 cm 土层样品属分类水平上群落结构图

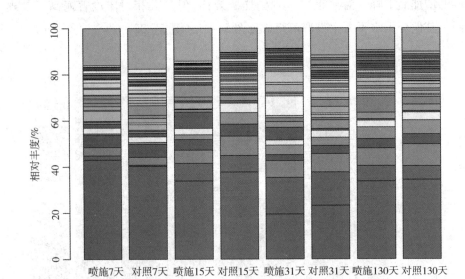

图 5-30 20~30 cm 土层属分类水平上细菌群落结构图

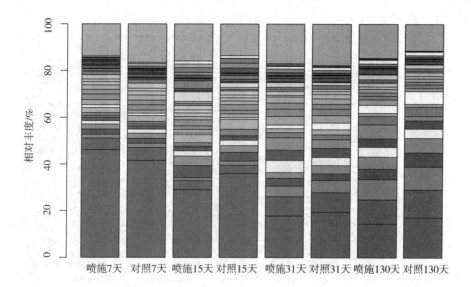

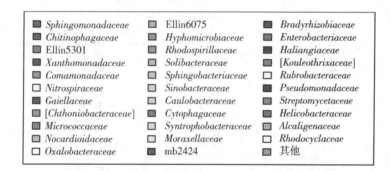

图 5 - 31　0~10 cm 土层科分类水平上细菌群落结构图

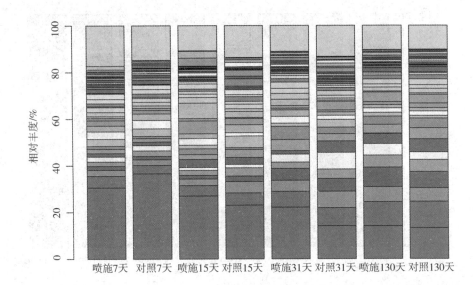

图 5-32 10~20 cm 土层科分类水平上细菌群落结构图

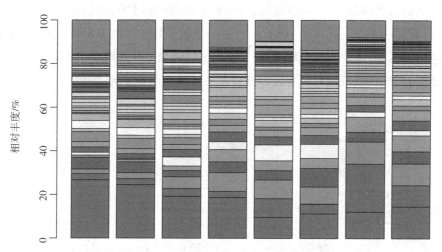

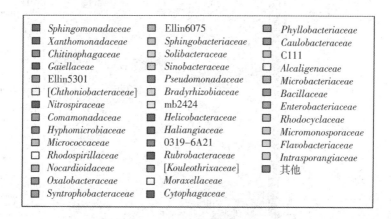

图 5 - 33 20~30 cm 土层科分类水平上细菌群落结构图

（2）阿特拉津对不同时期、不同土层细菌群落热图聚类的影响分析

根据黑土不同时期、不同土层的细菌群落组成和相对丰度，在门水平上提取相对丰度最高的 30 个种群进行热图聚类分析。

在下面的聚类图中，颜色表示种群丰富度，垂直表示不同种群的丰富度相似性聚类，水平聚类表示不同种群丰富度的相似性。与垂直聚类类似，两个种群之间的距离越近,分支长度越短,两个种群中的种群丰富度越相似。

如图 5-34 所示,在 0~10 cm 土层中,喷施阿特拉津第 7 天和第 15 天的处理组分为两类,表明阿特拉津对 0~10 cm 土层中细菌群落组成和相对丰度有一定影响,但这种效应随着阿特拉津残留量的减少而逐渐减弱。

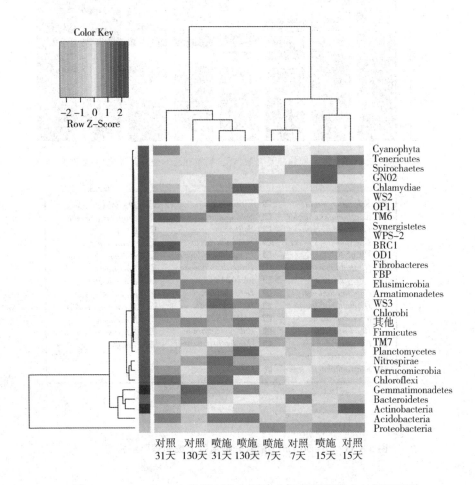

图 5-34 0~10 cm 土层门水平上前 30 个细菌种群相对丰度聚类图

在 10~20 cm 土层中,喷施阿特拉津第 31 天和第 130 天的处理组与第 7 天和第 15 天的处理组分为两个不同的类别,表明阿特拉津随土壤深度的增加而逐渐积累,并在施用第 15 天累积到最大值,对不同时期的细菌群落组成和相对丰度有不同的影响。阿特拉津残留量越大,对土壤细菌群落的影响越大。但随着阿特拉津残留量的减少,这种作用逐渐减弱。喷施第31天和第130天的处理组聚为一类,表明相似性非常高。喷施第130天后,处理组和对照组聚为一组,表明阿特拉津在喷施后期对土壤细菌群落影响不大,如图5-35所示。

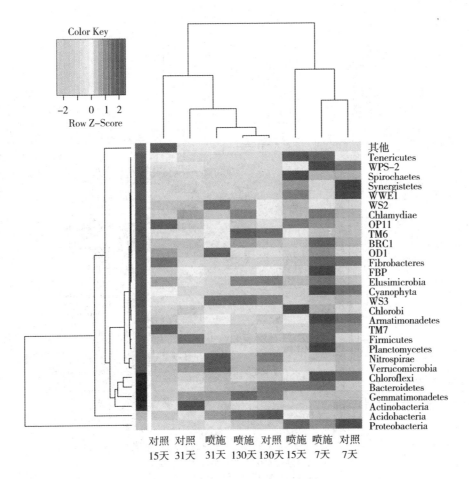

图5-35　10~20 cm土层样品门水平上前30个种群丰度热图

在20~30 cm土层中,阿特拉津对不同时期土壤细菌群落组成和种群相对丰度的影响与10~20 cm土层基本相同。喷施后第7天和15天的处理组分为两个不同的类别,表明阿特拉津残留物随着土壤深度的增加逐渐累积,并在施用后第 15 天累积到最大值,在该土层的不同时期,它对土壤细菌群落组成和种群相对丰度有不同的影响。阿特拉津残留量越高,对样品中细菌群落的影响越大。但随着阿特拉津残留量降低,这种作用逐渐减弱。喷施后第 31 天和第 130天的处理组聚一类,表明它们的相似性非常高,阿特拉津的作用很弱,如图 5 – 36 所示。

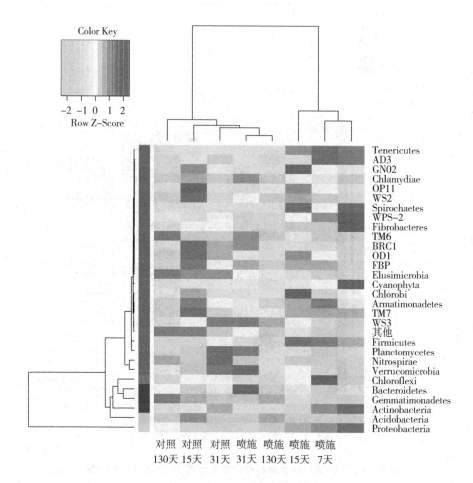

图 5 – 36　20 ~ 30 cm 土层门水平上前 30 个细菌种群丰度聚类图

根据黑土不同时期、不同土层的细菌群落组成和种群相对丰度,在属水平上提取丰度最高的 30 个种群进行热图聚类分析。

　　结果表明,阿特拉津在施用后第 7 天和第 15 天影响了 0 ~ 10 cm、10 ~ 20 cm 和 20 ~ 30 cm 3 个土层的细菌群落组成,对种群相对丰度有一定影响,使处理组被划分为不同的类别。随着阿特拉津残留量的降低,施用后第 31 天和第 130 天的 2 个处理组聚为一类,表明它们具有很高的相似性,阿特拉津对它们的影响很小。如图 5 - 37、图 5 - 38 和图 5 - 39 所示。

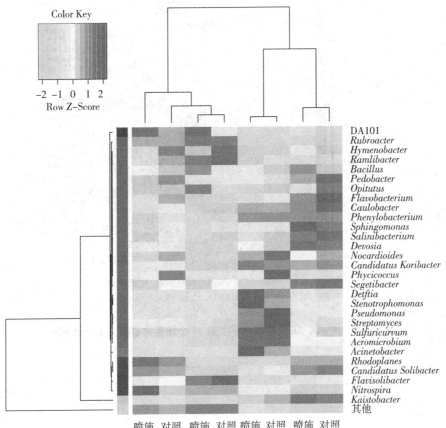

图 5 - 37　0 ~ 10 cm 土层属水平上前 30 个细菌种群相对丰度聚类图

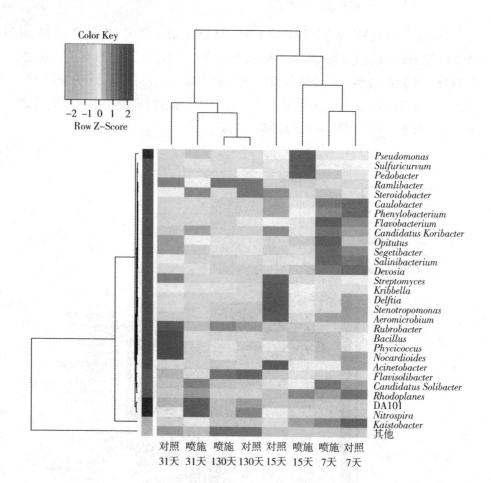

图 5－38 10～20 cm 土层属水平上前 30 个细菌种群相对丰度聚类图

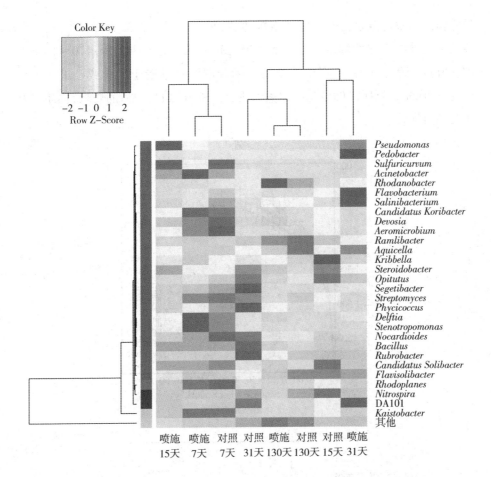

图 5 - 39 20~30 cm 土层属水平上前 30 个细菌种群相对丰度聚类图

5.5.2.2 阿特拉津对不同土层微生物 α 多样性的影响

(1)阿特拉津对不同土层微生物 α 多样性的影响

α 多样性用于对单个样品中种群多样性进行分析。基于 OTU 的结果,计算 Shannon 指数、Chao1 指数、系统发育多样性(PD 树)和观察到的种群数量共 4 个指数来进行分析。

根据不同时期、不同土层中微生物的 16S rRNA 测序结果,对微生物中所含 Clean 标签数进行标准化,并在 97% 的相似度下计算所有微生物的 α 多样性,根据稀释曲线中各微生物的多样性指数,判断测序深度是否覆盖所有类群,了解各微生物种群多样性程度。如图 5－40、图 5－41、图 5－42 所示,0～10 cm、10～20 cm、20～30 cm 土层中 4 个指数稀释曲线基本趋于平缓或已进入平台期,所有样品的测序深度已基本覆盖到所有的种群,满足分析的要求,样品具有较高的多样性。

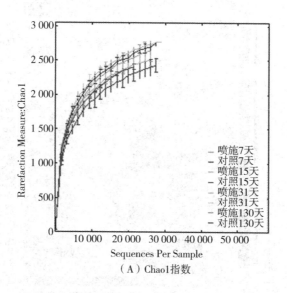

（A）Chao1指数

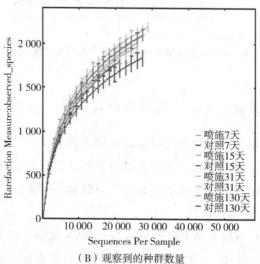

（B）观察到的种群数量

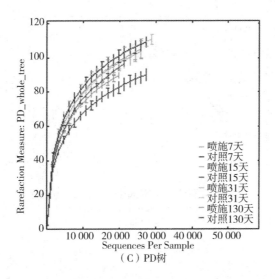

（C）PD树

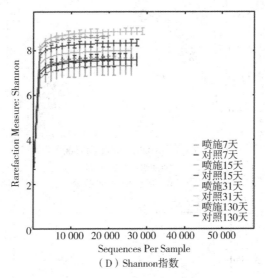

（D）Shannon指数

图 5 - 40 0~10 cm 土层微生物 α 多样性指数①

———

① 图 5 - 40、图 5 - 41、图 5 - 42 仅做示意。

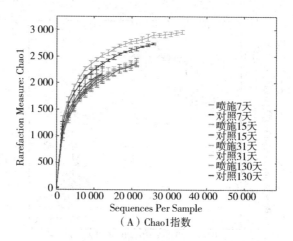

（A）Chao1指数

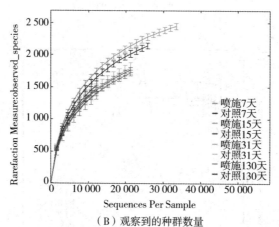

（B）观察到的种群数量

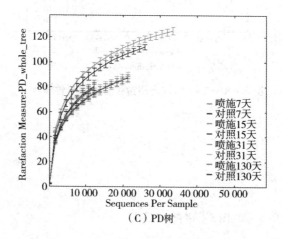

（C）PD树

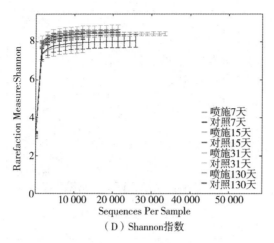

（D）Shannon指数

图5-41 10~20 cm 土层微生物 α 多样性指数

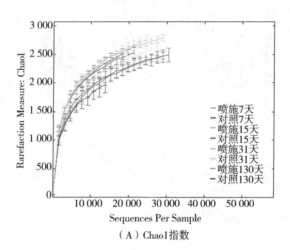

（A）Chao1指数

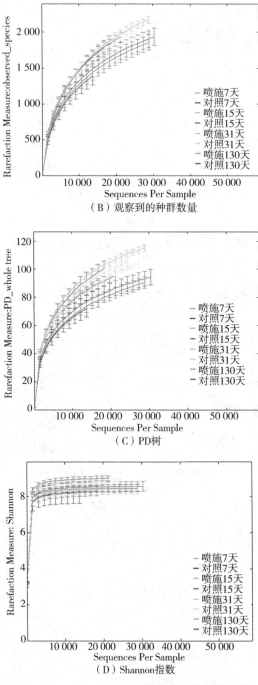

（B）观察到的种群数量

（C）PD树

（D）Shannon指数

图 5 - 42　20~30 cm 土层微生物 α 多样性指数

（2）阿特拉津对不同土层细菌 α 多样性的影响分析

Chao1 指数和 Ace 指数不考虑种群相对丰度，只考虑种群数量。Shannon 指数代表种群相对丰度和均匀度，观察到的种群数量、PD 树两个指数越大，种群越丰富。以上 5 个指数值越大，说明样品的种群多样性越高。图 5-43 为阿特拉津污染土壤 3 个不同土层的 Ace 指数、Chao1 指数、PD 树、Shannon 指数等 5 个 α 多样性指数变化，可直观显示组间 α 多样性差异。

从图 5-43 可以看出，0～10 cm 土层的 Ace 指数在施用后第 7 天低于对照组，在施用后第 15 天逐渐恢复并高于对照组。Ace 指数在施用后第 31 天达到最高值（峰值），然后逐渐降低，在第 130 天降至最低，但仍高于对照。观察到的种群数量也呈现出相同的变化趋势，但比 Ace 指数的变化趋势更显著，差异更大。Chao1 指数也呈现出相同的趋势，但差异不显著。Shannon 指数呈现出相同的趋势（与观察到的种群数量和 Chao1 指数相比没有显著差异，与对照组相比也没有显著差异）。综上所述，上述 5 个 α 多样性指数表明，0～10 cm 土层阿特拉津污染土壤微生物多样性具有相同的变化趋势。

如图 5-43 中 10～20 cm 土层的微生物 α 多样性指数所示，Ace 指数在施用第 7 天后高于对照组，并在施用第 15 天后逐渐降低，但仍高于对照组。然后缓慢下降，Ace 在施用后第 31 天降至最低值（谷值），然后逐渐恢复到接近对照水平（或恢复到对照水平）甚至高于对照水平。观察到的种群数量也呈现出相同的变化趋势，但差异显著。Chao1 指数呈现出相同的变化趋势，但差异显著。Chao1 指数呈现出相同的趋势，但差异不显著。PD 树也表现出与 Ace 指数、Chao1 指数和观察到的种群数量相同的趋势，且差异显著。施用后第 7 天，处理组的 Shannon 指数高于对照组，施用后第 15 天，Shannon 指数迅速下降至最低值。然后逐渐恢复，并在施用后第 31 天迅速恢复到施用后第 7 天的水平，但仍低于同期对照组。上述 5 个 α 多样性指数表明，阿特拉津污染土壤 10～20 cm 土层微生物多样性具有相同的变化趋势，分别在施用后第 7 天、第 15 天、第 31 天和第 130 天表现出抑制增强的变化趋势。

如图 5-43 中 20～30 cm 土层的 α 多样性指数所示，施用后第 7 天，处理组的 Ace 指数高于对照组，且 Ace 指数继续下降，在施用后第 15 天首次低于对照组。施用后第 31 天和第 130 天，Ace 指数继续下降并低于对照组，Ace 指数发生显著变化。Chao1 指数也表现出相同的趋势，具有显著差异。观察到的种群数量和 PD 树、Shannon 指数在施用后第 7 天到第 31 天的变化趋势与 Ace 和 Chao1 指数的变化趋势显著不同,但在施用后第 130 天,处理组的多样性指数值高于对照组,表明其多样性已恢复。上述 5 个 α 多样性指数表明,阿特拉津污染土壤 20~30 cm 土层微生物多样性的变化趋势基本一致,施用后第 7 天、第 15 天、第 31 天和第 130 天的变化趋势为增加—抑制—减少—增加。

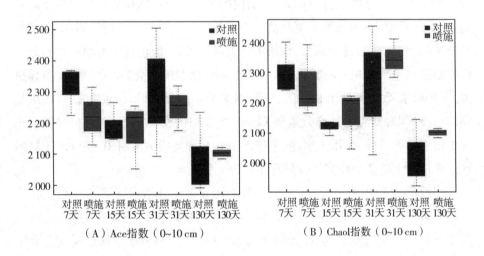

（A）Ace指数（0~10 cm）　　　　　　　　（B）Chao1指数（0~10 cm）

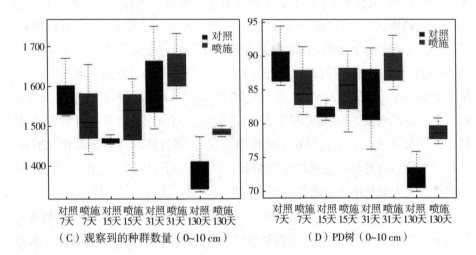

（C）观察到的种群数量（0~10 cm）　　　　　（D）PD树（0~10 cm）

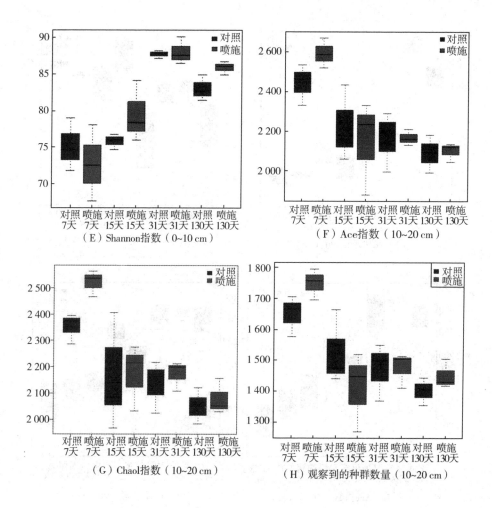

（E）Shannon指数（0~10 cm）

（F）Ace指数（10~20 cm）

（G）Chaol指数（10~20 cm）

（H）观察到的种群数量（10~20 cm）

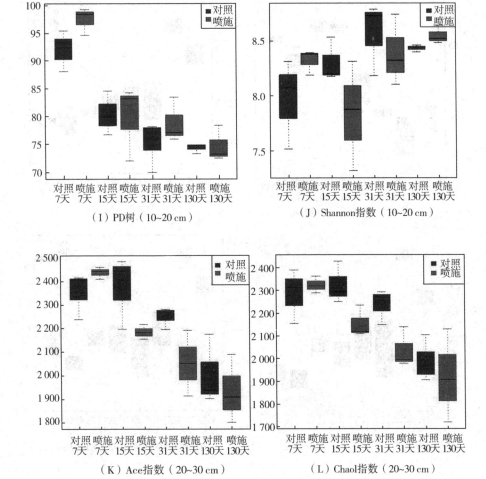

（I）PD树（10~20 cm）

（J）Shannon指数（10~20 cm）

（K）Ace指数（20~30 cm）

（L）Chao1指数（20~30 cm）

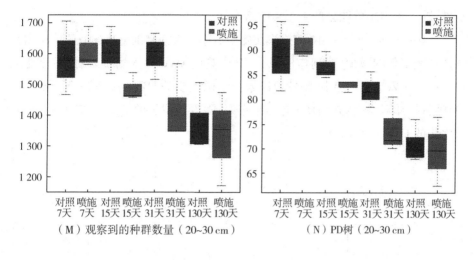

（M）观察到的种群数量（20~30 cm）　　　（N）PD树（20~30 cm）

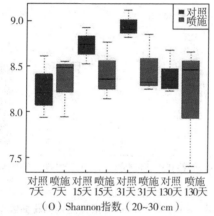

（O）Shannon指数（20~30 cm）

图5-43　阿特拉津污染土壤不同土层微生物α多样性变化

（3）黑土不同土层施加阿特拉津微生物稀释曲线

本书通过稀释曲线评价测序深度，并比较不同测序量微生物种群的丰富度。如果曲线趋于平坦，则表明测序量是合理的，更多的数据量对新OTU的发现贡献不大。

如图5-44、图5-45和图5-46所示，阿特拉津在黑土中分布在0~10 cm、10~20 cm和20~30 cm土层中，施用后第7天采集的样本读取次数最多，达到120 000次，相应的种类数量约为3 000个OTU。在97%相似性水平上进行聚类后，稀释曲线并不平坦，而是处于向上状态，表明样本中的种群极其丰富,进一步测序可能会产生更多的新 OTU。

在 0～10 cm 土层中,阿特拉津在施用后第 7 天抑制微生物的 OTU。随着阿特拉津残留量的减少,抑制作用减弱,微生物的 OTU 逐渐增加,测序深度也增加。在 10～20 cm 土层中,阿特拉津未抑制微生物的 OTU。在 20～30 cm 土层中,阿特拉津对微生物的 OTU 有抑制作用,随着残留量的减少,抑制作用减弱,微生物的 OTU 逐渐恢复。

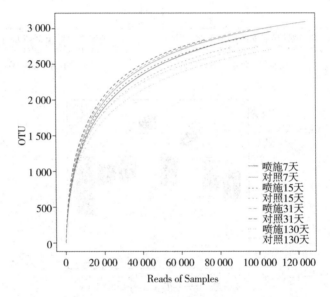

图 5－44　0～10 cm 土层微生物稀释曲线①

---

①　图 5－44 至图 5－49 仅做示意。

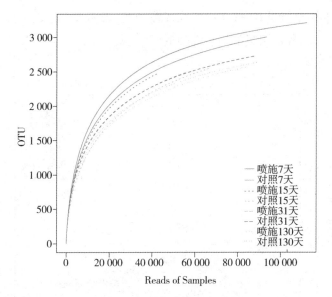

图 5 - 45　10～20 cm 土层样品稀释曲线

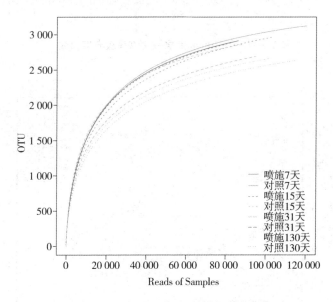

图 5 - 46　20～30 cm 土层样品稀释曲线

(4)黑土不同土层微生物等级丰度

不同土层微生物等级丰度曲线如图 5 - 47、图 5 - 48 和图 5 - 49 所示。随着相对丰度的逐渐降低,等级丰度曲线逐渐变宽,表明种群组成更加丰富,曲线变得不均匀,表明种群组成的均匀性降低。

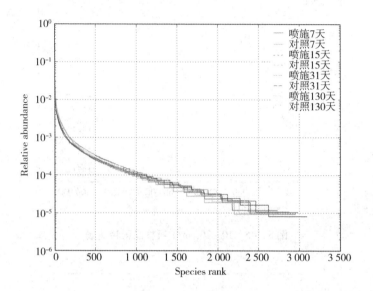

图 5 – 47 0 ~ 10 cm 土层微生物等级丰度曲线

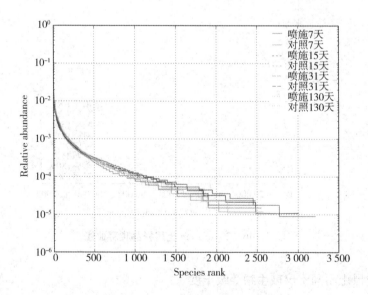

图 5 – 48 10 ~ 20 cm 土层微生物等级丰度曲线

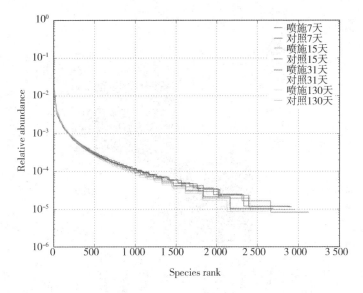

图 5-49　20~30 cm 土层微生物等级丰度曲线

5.5.2.3　阿特拉津对黑土不同土层微生物 β 多样性的影响

β 多样性用于分析样品间种群多样性差异,其中 UniFrac 作为一种 β 多样性的衡量指数,用系统的进化距离信息比较各样品之间的种群多样性差异。

（1）UniFrac 热图分析

本书根据加权和非加权 UniFrac,分析了黑土不同土层微生物 β 多样性。结果表明,在 0~10 cm、10~20 cm 和 20~30 cm 土层中,随着施用阿特拉津时间的增加,种群间的进化距离逐渐增加,表明不同土层微生物的差异越来越大,但随着后期阿特拉津残留量的减少,不同土层微生物的进化距离逐渐减小,差异变小。对照组和处理组的变化趋势相同,种群进化距离没有显著差异,表明阿特拉津对黑土不同土层微生物 β 多样性没有显著影响。不同土层微生物热图如图 5-50、图 5-51 和图 5-52 所示。

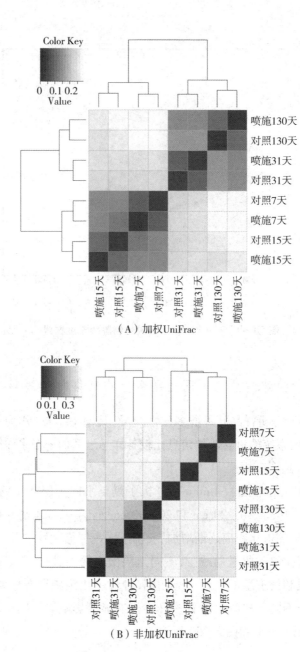

（A）加权UniFrac

（B）非加权UniFrac

图 5 – 50　0 ~ 10 cm 土层微生物

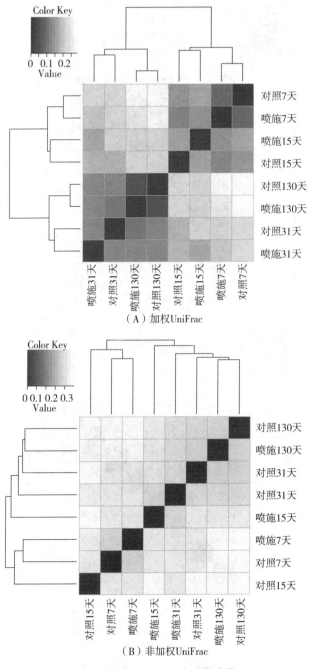

（A）加权UniFrac

（B）非加权UniFrac

图5-51　10~20 cm 土层微生物

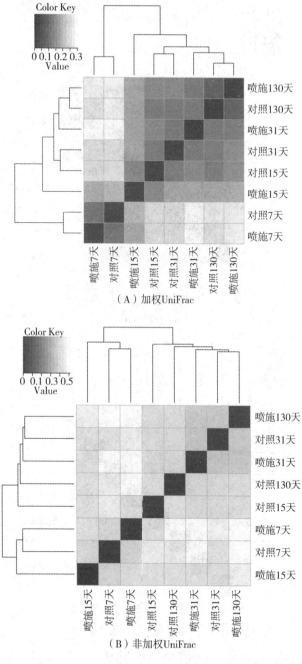

图 5-52　20～30 cm 土层微生物

（2）样品间主成分分析（PCA）

从图 5 - 53、图 5 - 54 和图 5 - 55 可以看出，在 0 ~ 10 cm、10 ~ 20 cm 和 20 ~ 30 cm 土层中，施用阿特拉津后第 7 天和第 15 天土壤在 PC1 轴上的得分与对照组相当。在主成分分析图中，两者基本聚集成一个簇，距离非常近，微生物的组成相对相似，表明随着时间的推移和阿特拉津残留物的消化或淋滤，阿特拉津不会改变土壤细菌群落结构，土壤细菌群落发生了自然变化导致其群落结构分散。

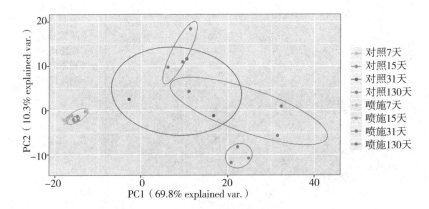

图 5 - 53　0 ~ 10 cm 土层微生物主成分分析①

---

① 图 5 - 53 至图 5 - 55 仅做示意。

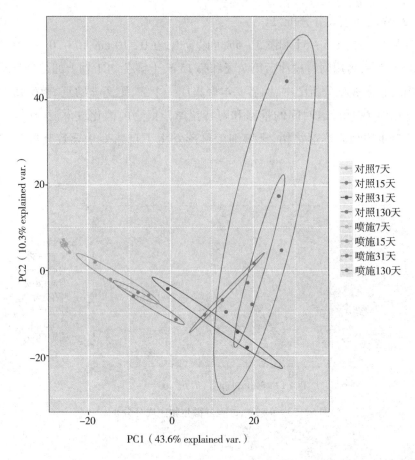

图 5 - 54   10 ~ 20 cm 土层微生物主成分分析

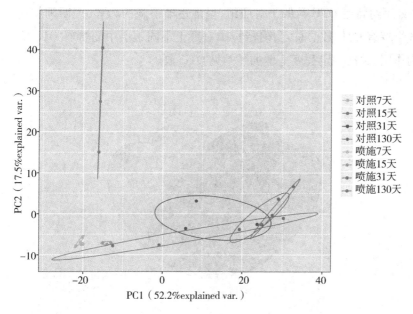

图5-55　20~30 cm 土层微生物主成分分析

5.5.2.4　对黑土不同土层微生物的组间差异分析

从图5-56可以看出,在0~10 cm 土层中,阿特拉津处理组在施药后第7天、第15天、第31天和第130天各有1 977个OTU,比对照组多23个。各处理组的特有OTU数在前期增加,后期减少,与对照组的变化趋势和同期同一土层阿特拉津残留量的变化趋势完全相反。结果表明,阿特拉津能增加土壤中OTU数,并抑制各组OTU数,这可能是由于土壤中不同微生物对阿特拉津的反应或敏感度不同。

从图5-57可以看出,在10~20 cm 土层中,阿特拉津处理组在施用后第7天、第15天、第31天和第130天有1 770个OTU,与对照组相比,增加了175个OTU。处理组特有OTU数前期减少,后期增加,与对照组变化趋势及同期同一土层阿特拉津残留量变化趋势相反,表明阿特拉津能增加土壤中常见OTU数,抑制各组中特有的OTU数。

从图5-58可以看出,在20~30 cm 土层中,施用阿特拉津后第7天、第15天、第31天和第130天,阿特拉津处理组有1 982个OTU,对照组有1 991个

OTU。处理组特有 OTU 数低于对照组,呈现逐渐下降的趋势,表明阿特拉津抑制了各组特有 OTU 数。总之,阿特拉津对黑土不同土层中的特有 OTU 有一定的抑制作用,并在一定程度上增加了常见 OTU 数。

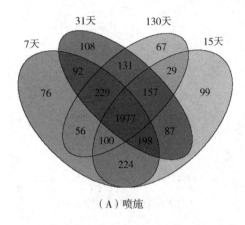

(A) 喷施

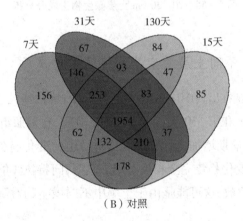

(B) 对照

图 5 – 56 0~10 cm 土层微生物韦恩图

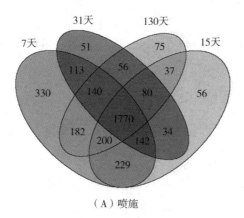

（A）喷施

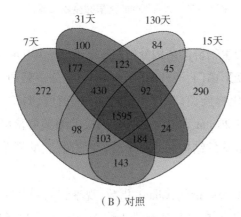

（B）对照

图 5 - 57 10 ~ 20 cm 土层微生物韦恩图

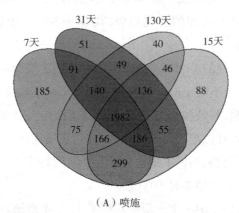

（A）喷施

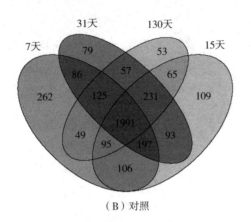

图 5 - 58　20 ~ 30 cm 土层微生物韦恩图

　　黑土不同土层微生物群落结构分析结果表明,0 ~ 10 cm 土层中门分类水平上细菌群落主要有变形菌门、酸杆菌门、放线菌门、芽单胞菌门、拟杆菌门、绿弯菌门、疣微菌门、硝化螺旋菌门、浮霉菌门、厚壁菌门、TM7 和蓝藻门。与 0 ~ 10 cm 土层相比,10 ~ 20 cm 和 20 ~ 30 cm 土层的细菌群落结构缺少 TM7 和蓝藻门。从土壤细菌群落的结构和分布来看,变形菌门、酸杆菌门、放线菌门和芽单胞菌门为优势菌。

　　不同土层微生物 Ace 指数、Chao1 指数、观察到的种群数量、PD 树、Shannon 指数的变化结果表明,在阿特拉津污染土壤 0 ~ 10 cm 土层微生物的多样性具有相同的变化趋势,其在喷施阿特拉津后第 7 天、第 15 天、第 31 天、第 130 天呈现出抑制—抑制减弱—逐渐恢复—增加的变化趋势,在 10 ~ 20 cm 土层呈现出抑制—抑制增强—抑制—增加的变化趋势,在 20 ~ 30 cm 土层呈现出增加—抑制—抑制减弱—增加。

　　根据加权与非加权的 UniFrac,分析了黑土不同土层微生物 β 多样性,结果表明,阿特拉津对黑土不同土层微生物 β 多样性影响不显著。

　　主成分分析表明,阿特拉津对土壤细菌群落结构没有影响。在施用后期,随着时间的推移和阿特拉津残留的消化或淋溶,土壤细菌群落发生自然进化导致其群落结构分散,阿特拉津对黑土不同土层间的特定 OTU 有一定的抑制作用,并能在一定程度上增加常见 OTU 数。

　　此外,本书还从黑土的 3 个土层中获得了 34 个主要属。目前,NCBI GENE-

BANK 已对 37 个能降解阿特拉津的微生物属进行了注释,而在本书获得的 34 个属中,已有 6 个类别被 NCBI GENEBANK 注释。

5.6　讨论

　　阿特拉津因其价格低廉、除草效果好而被广泛用作作物除草剂。阿特拉津具有一定的毒性和生物蓄积性,在土壤中施用后,可能对人类和环境造成影响。目前,阿特拉津的潜在影响已受到国内外学者的广泛关注。本书研究了阿特拉津在黑土不同土层中随时间的残留规律,以及阿特拉津对土壤酶活性、微生物碳源代谢功能多样性、细菌群落结构和多样性的影响。

　　(1)本书采用高效液相色谱法测定了黑龙江省玉米连作区不同耕作土层中阿特拉津残留量随施用时间的变化。可以看出,阿特拉津在黑土中的残留量在一年内随时间逐渐降低。从土壤的垂直分布来看,其残留物会逐渐渗入深层土壤,而在深层土壤中的残留物有积累过程,残留量达到最大值时逐渐减少。在 $10 \sim 20$ cm 和 $20 \sim 30$ cm 土层中的阿特拉津残留量逐渐积累,并在施用后第 15 天达到最大值,然后其残留量逐渐减少。除草剂施于土壤后,土壤对其有吸附作用,除草剂的吸附与除草剂的理化性质、土壤有机物质含量、土壤黏粒含量、土壤 pH 值等有关。由于阿特拉津在土壤中的吸附较弱,因此具有较强的流动性。此外,降雨、植物根系的吸附、外部环境中的微生物活动等因素导致其淋溶到深层土壤中。土壤中阿特拉津残留量的减少受环境中各种因素的综合影响,其中微生物降解是其在土壤中降解的重要途径。阿特拉津在黑土不同时期、不同土层中的消解规律基本符合一级动力学规律,阿特拉津在黑土 $0 \sim 10$ cm 土层和 $20 \sim 30$ cm 土层中的降解率均大于 93%,半衰期分别为 24.75 天和 33 天。该数据结果与王苏娜等人的阿特拉津在沈阳和新民土壤中的降解动力学研究结果本一致,与方立平等人的阿特拉津在焦作和新民土壤中的降解动力学研究结果一致。济南土壤的半衰期为 $6.5 \sim 12.9$ 天,差异显著。这可能是测试土壤的不同来源和环境的不同气候条件造成的。而在 $10 \sim 20$ cm 土层中,阿特拉津的降解率仅为 76.86%,半衰期为 63 天。这些数据表明阿特拉津不易降解,主要依靠脱烷基、水解和开环降解,阿特拉津在土壤中的生物降解受到阿特拉津初始浓度、土壤微生物、土壤类型、pH 值、土壤温度和湿度等综合因素的影响。有研究人员揭示了阿特拉津在 3 种不同土壤中不同温度和水分含量控制下的降解规律。此外,黑龙江省冬季寒冷,冻土中微生物活性低,秋冬日照时间短,但阿特拉津不挥发,仅在土壤表面光解,其在酸性和碱性土壤中的光解速率比中性土壤快。由于紫外线强度较弱,且现场光解深度较浅,光解速度较慢,较深土层中的残留时间较长。

(2)土壤酶是土壤代谢过程中非常重要的生物催化剂。本书主要分析土壤中与微生物代谢有关的 4 种酶——蔗糖酶、脲酶、磷酸酶和多酚氧化酶。蔗糖酶基本不受阿特拉津及其在土壤中的残留影响,这与徐江立等人的研究一致,这可能是因为土壤中的蔗糖酶属于胞外酶,它来自植物根系或微生物,土壤微生物的生长和繁殖不会影响它。阿特拉津对脲酶有一定的刺激作用,可能是阿特拉津可以作为微生物生长的氮源,从而提高脲酶活性。这一结果与徐仲彦等人的研究结果一致。

这种变化趋势的原因可能是在栽培初期,土壤主要成分对阿特拉津污染有一定的缓冲能力,土壤固体成分对阿特拉津的吸附使土壤中阿特拉津含量较低,对土壤脲酶的影响表现为活化效应;在培养过程中,阿特拉津及其降解产物与有机物质相互作用,部分覆盖并占据脲酶活性中心,防止尿素和酶活性中心的结合,导致酶促反应速率降低,与底物竞争抑制,土壤脲酶活性受到抑制;随后,由于阿特拉津自身被土壤微生物降解,阿特拉津被固定、分解或失去其生物毒性的有效性。土壤生物逐渐对阿特拉津产生抗性,土壤脲酶活性逐渐恢复正常。土壤中残留的阿特拉津对磷酸酶的影响也很小。这一结果与陈鹏等人的结果一致。此外,阿特拉津对土壤中多酚氧化酶的活性也有一定的刺激作用,这一结果与沈红秋等人在阿特拉津处理不同耐性大豆品种后的防御酶反应中得出的结果一致。影响土壤酶活性的因素很多,如土壤理化性质、土壤微生物、土壤养分、施肥等农业措施等。当土壤物理性质、温度和水分发生变化时,土壤酶的催化能力将发生变化。

(3)影响土壤微生物多样性的因素主要分为两部分:自然因素和人为干扰。本书利用 Biolog 技术对黑土不同土层微生物群落进行了研究。结果表明,施用阿特拉津后,3 个土层土壤微生物群落功能多样性随时间和土壤深度的变化呈现一定的变化规律,反映了在自然状态下,土壤微生物的活动会受到时间和空间的综合影响,导致 $AWCD$、功能多样性指数和碳源利用多样性特征也发生变化。这可能是时间的变化、土壤温度的变化、植被根系活动强度、自然降雨等自然演替规律造成的。就空间变化而言,可能与不同土层的腐殖化程度、土壤通风条件有关。微生物对土壤表面凋落物成分的利用效率随土层加深而降低,形成了土壤微生物群落功能多样性的时空演替规律。

国内外研究表明,草本植被的根系活动和地表大量凋落物的存在丰富了表土中的微生物多样性。此外,土壤施肥和养分投入有利于改善土壤条件,也能有效提高土壤微生物群落的多样性。同时,春、夏、秋土壤微生物普遍存在,夏季温度较高,土壤微生物代谢活动旺盛,有利于微生物多样性的形成和积累;冬季较低的温度有利于土壤中低温细菌的代谢活动。这与本书发现的不同土层微生物群落多样性随时间和空间的演化规律是一致的。

从施用阿特拉津对 3 个土层微生物总体活性的影响来看,施用阿特拉津后第 7 天、第 15 天、第 31 天和第 130 天 3 个土层微生物总体活性最高,20～30 cm 土层微生物总体活性在 3 个土层中始终最低。0～10 cm 和 10～20 cm 土层的微生物总体活性非常接近,0～20 cm 土层的微生物总体活性显著高于其他土层。这可能是由于 0～20 cm 土层每年耕作,而且作物的根系主要集中在这一土层中,0～20 cm 以下较深的土层由于耕作和机械压实而形成硬犁底层,阻碍了植物根系的生长和水肥的传输,导致耕作层以下土壤微生物群落总体活性较低。

此外,从微生物碳源的代谢结果来看,阿特拉津不影响黑土不同时期、不同土层微生物对六类碳源的相对利用,这可能是作物长期连作导致土壤微生物更好地适应这种环境,土壤微生物碳代谢官能团具有更强的碳源代谢活性,形成稳定的碳源代谢特征,并且对外部环境因素的变化有很强的抵抗力。但从整个试验来看,土壤微生物对酚类和胺类的利用强度相对较低,对糖类、羧酸类和氨基酸类的利用强度最高。这可能是因为后几类碳源可以直接参与土壤微生物的生命活动,并且更容易被大多数微生物利用。此外,本书使用的 Biolog 技术虽然在土壤微生物功能多样性研究中简单且应用广泛,但也存在一定的局限性,Biolog 生态板中添加的碳源并不是土壤中的所有微生物种群所需类型,因此具有很大的人工化倾向,而且只能检测到快速生长的微生物种类。因此,土壤微生物群落的实际代谢水平可能被低估。因此,本书以 Biolog 技术为基础,结合 16S 高通量测序技术分析微生物群落,进一步开展功能多样性研究,在分子水平和生理生化水平上相互支持,以获得更全面、客观的研究成果。

（4）采用16S高通量测序技术分析了阿特拉津污染土壤微生物群落结构和多样性的变化。结果表明，在各分类水平上，3个土层的细菌群落组成基本相同，阿特拉津没有改变微生物群落，但细菌种群的相对丰度变化不大。阿特拉津污染土壤的细菌群落主要包括12类。从3个土层细菌群落的结构和分布来看，变形杆菌门、酸杆菌门、放线菌门和芽单胞菌门为优势菌，约占样品总相对丰度的79.3%。可以推断，在不同深度的土壤剖面中，微生物对碳源的代谢多样性也可能存在一些差异。

阿特拉津污染土壤不同土层中 Ace 指数、Chao1 指数、观察到的种群数量、PD 树和 Shannon 指数这 5 个 α 多样性指数的变化结果表明，阿特拉津抑制了 3 个土层中细菌群落的多样性，这与 Biolog 数据分析得出的不同碳源微生物利用多样性结果一致。在 10 ~ 20 cm 土层中，阿特拉津没有抑制土壤微生物的整体活性，但抑制了其多样性，这可能与土层中不同的微生物种群有关。阿特拉津可以刺激一些优势菌的生长，抑制样本中其他非优势菌的活性，最终使土壤微生物总体活性不会降低，但会降低样本中的种群多样性。

5.7 小结

本书首先确定了阿特拉津在黑龙江省玉米连作区耕作土壤中的残留水平和垂直分布特征，以揭示阿特拉津残留随时间的变化对酶活性、微生物群落的影响，探讨了阿特拉津在不同土层中的作用和多样性、阿特拉津残留与细菌群落结构的关系。结论如下：

（1）结果表明，阿特拉津在黑土中的残留量在一年内随时间逐渐降低。从土壤的垂直分布来看，阿特拉津的残留量会逐渐渗入深层土壤，且在深层土壤中的残留量有累积过程。

（2）阐明了阿特拉津对不同时期、不同土层土壤酶活性的影响。结果表明，阿特拉津对不同时期、不同土层土壤酶活性的影响不同。阿特拉津在施用后的不同时期刺激了不同耕作土层脲酶和多酚氧化酶的活性，而对蔗糖酶、磷酸酶活性没有影响。

（3）利用 Biolog 技术研究了阿特拉津对不同时期、不同土层碳源代谢水平和微生物群落生理功能的影响。结果表明，阿特拉津抑制了 0 ~ 10 cm 和 20 ~

30 cm 土层中微生物的多样性和总体活性,但不抑制 10～20 cm 土层中土壤微生物的总体活性,不同时期、不同土层的微生物对 Biolog 生态板中六类碳源的利用程度不受阿特拉津的影响,但从整个试验来看,微生物对六类碳源的利用程度由高到低依次为糖类＞羧酸类＞氨基酸类＞聚合物类＞胺类＞酚类。

(4)采用 16S rRNA 测序技术,研究了阿特拉津对不同时期、不同土层土壤细菌群落结构和多样性的影响。结果表明,0～10 cm、10～20 cm 和 20～30 cm 土层的细菌群落组成在各分类水平上基本相同,阿特拉津没有改变细菌群落结构,但各菌群的相对丰度变化不大。阿特拉津对黑土不同土层细菌群落多样性有一定的抑制作用,但抑制作用随阿特拉津残留量的减少而减弱。本书中,不同时期、不同土层细菌群落主要包括 12 个类、26 个纲、35 个目、39 个科、34 个属和 22 个种。根据细菌群落的结构和分布,变形杆菌门、酸杆菌门、放线菌门和芽单胞菌门为优势菌。阿特拉津对 0～10 cm 土层微生物 α 多样性的影响趋势相同,为抑制—抑制减弱—逐渐恢复—增加的变化趋势,在 10～20 cm 土层表现出抑制—抑制增强—抑制—增加的变化趋势,在 20～30 cm 土层中表现为增加—抑制—抑制减弱—增加。阿拉拉津对不同土层 β 多样性影响不显著。

参考文献

[1]赵炎. 新烟碱型农药对土壤微生物和跳虫的影响[D]. 杭州:浙江大学,2018.

[2]韩令喜. 典型农药与抗生素复合重复处理在土壤中的残留特征及其生态效应[D]. 杭州:浙江大学,2019.

[3]聂司宇,孟昊,王淑红. 微生物对有机磷农药残留的降解[J]. 环境保护与循环经济,2020,40(3):44－49.

[4]洪文良,吴小毛. 敌草胺对土壤微生物种群及生物活性的影响[J]. 贵州农业科学,2013,41(2):120－123.

[5]王东胜,薛泉宏,高卉,等. CaCl₂对低钙土壤中可培养放线菌数量及种类的影响[J]. 西北农林科技大学学报(自然科学版),2015,43(1):175－182,192.

[6]严虎. 多菌灵、氯霉素单一与复合条件下在土壤中的消解及其对土壤真菌

细菌比和酶活性的影响［D］. 杭州：浙江大学,2011.

［7］张超兰,徐建民,姚斌. 添加有机物对莠去津污染土壤微生物生物量的动态影响［J］. 农药学学报,2003(2):79 – 84.

［8］卜东欣,张超,张鑫,等. 熏蒸剂威百亩对土壤微生物数量和酶活性的影响［J］. 中国农学通报,2014,30(15):227 – 233.

［9］李孟阳. 泰乐菌素对土壤微生物活性及群落多样性的影响［D］. 武汉：华中农业大学,2011.

［10］续卫利,姜锦林,单正军,等. 4 种农药对土壤微生物氮转化的影响［J］. 农药,2015(9):655 – 657.

［11］朱南文,胡茂林,高廷耀. 甲胺磷对土壤微生物活性的影响［J］. 农业环境保护,1999(1):5 – 8.

［12］蒋春玲,赵洪锟,王乾钦,等. 根瘤菌中纤维素酶的研究进展［J］. 安徽农业科学,2011(7):3899 – 3901.

［13］贺学礼,王平,马丽,等. 3 种杀真菌剂对 AM 真菌侵染和黄芩生长的影响［J］. 环境科学,2012(3):987 – 991.

［14］林先贵,郝文英,施亚琴. 三种除草剂对 VA 菌根真菌的侵染和植物生长的影响［J］. 环境科学学报,1992(4):439 – 444.

［15］范洁群,冯固,李晓林. 有机磷杀虫剂——灭克磷对丛枝菌根真菌 *Glomus mosseae* 生长的效应［J］. 菌物学报,2006(1):125 – 130.

［16］游红涛. 农药污染对土壤微生物多样性影响研究综述［J］. 安徽农学通报,2009,15(9):81 – 82.

［17］张瑞福,崔中利,何健,等. 甲基对硫磷长期污染对土壤微生物的生态效应［J］. 生态与农村环境学报,2004,20(4):48 – 50.

［18］肖丽,冯燕燕,赵靓,等. 多菌灵对土壤细菌遗传多样性的影响［J］. 新疆农业科学,2011,48(9):1640 – 1648.

［19］宋年铎,王伟,王利明,等. 生物多样性研究进展及展望［J］. 内蒙古林业调查设计,2013,36(2):138 – 140.

［20］樊晓刚,金轲,李兆君,等. 不同施肥和耕作制度下土壤微生物多样性研究进展［J］. 植物营养与肥料学报,2010,16(3):744 – 751.

［21］杨翠云,郭淑政,刘琪,等. 石油污染土壤微生物多样性的研究技术及进展

[J]. 安徽农业科学,2009,37(33):16479 - 16482,16553.

[22]毕江涛,贺达汉. 植物对土壤微生物多样性的影响研究进展[J]. 中国农学通报,2009,25(9):244 - 250.

[23]孙良杰,齐玉春,董云社,等. 全球变化对草地土壤微生物群落多样性的影响研究进展[J]. 地理科学进展,2012,31(12):1715 - 1723.

[24]石贤辉. 桉树人工林土壤微生物活性与群落功能多样性[D],南宁:广西大学,2012.

[25]SUN H Y,DENG S P,RAUN W R. Bacterial community structure and diversity in a century - old manure - treated agroecosystem[J]. Applied and Environmental Microbiology,2004,70(10):5868 - 5874.

[26]郑华,欧阳志云,王效科,等. 不同森林恢复类型对土壤微生物群落的影响[J]. 应用生态学报,2004(11):2019 - 2024.

[27]李灵,张玉,王利宝,等. 不同林地土壤微生物生物量垂直分布及相关性分析[J]. 中南林业科技大学学报,2007(2):52 - 56,60.

[28]陈法霖,郑华,阳柏苏,等. 中亚热带几种针、阔叶树种凋落物混合分解对土壤微生物群落碳代谢多样性的影响[J]. 生态学报,2011(11):3027 - 3035.

[29]吴则焰,林文雄,陈志芳,等. 中亚热带森林土壤微生物群落多样性随海拔梯度的变化[J]. 植物生态学报,2013(5):397 - 406.

[30]董立国,蒋齐,蔡进军,等. 基于 Biolog - ECO 技术不同退耕年限苜蓿地土壤微生物功能多样性分析[J]. 干旱区研究,2011(4):630 - 637.

[31]宋贤冲,曹继钊,唐健,等. 猫儿山常绿阔叶林不同土层土壤微生物群落功能多样性[J]. 生态科学,2015,34(6):93 - 99.

[32]李林,魏识广,黄忠良,等. 猫儿山两种子遗植物的更新状况和空间分布格局分析[J]. 植物生态学报,2012(2):144 - 150.

[33]王梓,韩晓增,张志明,等. 中国东北黑土土壤剖面微生物群落碳源代谢特征[J]. 生态学报,2016,36(23):7740 - 7748.

[34]于瑛楠,纪仰慧,郭立峰. 百菌清对原始红松林土壤微生物群落结构的影响[J]. 安徽农业科学,2015(22):113 - 115.

[35]邵元元,王志英,邹莉,等. 百菌清对落叶松人工防护林土壤微生物群落的

影响[J]. 生态学报,2011(3):819－829.

[36] 于洋. 两种农药对红松混交林、人工纯林土壤微生物群落功能多样性的影响[D],哈尔滨:东北林业大学,2015.

[37] 马婧玮,李萌,马欢,等. SPE 净化－GC(NPD)测定土壤及玉米中莠去津残留量[J]. 分析试验室,2011(7):75－78.

[38] 王素娜,高增贵,孙艳秋,等. 莠去津在沈阳地区土壤中的残留动态分析[J]. 现代农药,2014(2):40－43,51.

[39] KALAM A,TAH J,MUKHERJEE A K. Pesticide effects on microbial population and soil enzyme activities during vermicomposting of agricultural waste[J]. Journal of Environmental Biology,2004,25(2):201－208.

[40] 尹相博,杨梦璇,王冰,等. 铜胁迫对红小豆萌发的影响[J]. 吉林农业科学,2013(5):10－11,35.

[41] 关松荫,等. 土壤酶及其研究法[M]. 北京:农业出版社,1986.

[42] 周瑞莲,张普金,徐长林. 高寒山区火烧土壤对其养分含量和酶活性的影响及灰色关联分析[J]. 土壤学报,1997(1):89－96.

[43] 丰骁,段建平,蒲小鹏,等. 土壤脲酶活性两种测定方法的比较[J]. 草原与草坪,2008(2):70－73.

[44] 周礼恺,张志明. 土壤酶活性的测定方法[J]. 土壤通报,1980(5):37－38,49.

[45] 邱莉萍,刘军,王益权,等. 土壤酶活性与土壤肥力的关系研究[J]. 植物营养与肥料学报,2004(3):277－280.

[46] 杜浩. 莠去津污染土壤的生物强化修复及其细菌群落动态分析[D]. 泰安:山东农业大学,2012.

[47] EILERS K G,DEBENPORT S,ANDERSON S,et al. Digging deeper to find unique microbial communities:The strong effect of depth on the structure of bacterial and archaeal communities in soil[J]. Soil Biology & Biochemistry,2012,50:58－65.

[48] KODEŠOVÁ R,KOČÁREK M,KODEŠ V,et al. Pesticide adsorption in relation to soil properties and soil type distribution in regional scale[J]. Journal of Hazardous Materials,2011,186(1):540－550.

[49]ASLAM S,GARNIER P,RUMPEL C,et al. Adsorption and desorption behavior of selected pesticides as influenced by decomposition of maize mulch[J]. Chemosphere,2013,91(11):1447 – 1455.

[50]BATISSON I,CROUZET O,BESSE – HOGGAN P,et al. Isolation and characterization of mesotrione – degrading *Bacillus* sp. from soil[J]. Environmental Pollution,2009,157(4):1195 – 1201.

[51]郑重. 农药的微生物降解[J]. 环境科学,1990(2):68 – 72,97.

[52]BHALERAO T S,PURANIK P R. Biodegradation of organochlorine pesticide, endosulfan,by a fungal soil isolate,*Aspergillus niger*[J]. International Biodeterioration & Biodegradation,2007,59(4):315 – 321.

[53]方丽萍,李慧冬,丁蕊艳,等. 莠去津在玉米和土壤中的残留及安全使用评价[J]. 现代农药,2012(5):33 – 36.

[54]CRAWFORD J J,SIMS G K,MULVANEY R L,et al. Biodegradation of atrazine under denitrifying conditions[J]. Applied Microbiology and Biotechnology,1998,49(5):618 – 623.

[55]董春香,姜桂兰. 除草剂阿特拉津生物降解研究进展[J]. 环境污染治理技术与设备,2001(3):1 – 6.

[56]姚斌. 控制条件下除草剂在土壤中的降解及其对土壤生物学指标的影响[D]. 杭州:浙江大学,2003.

[57]GONG A,YE C M,WANG X J,et al. Dynamics and mechanism of ultraviolet photolysis of atrazine on soil surface[J]. Pest Management Science,2001,57(4):380 – 385.

[58]徐江丽. 寒地黑土阿特拉津残留动态及对土壤微生物群落影响[D],哈尔滨:黑龙江大学,2014.

[59]徐忠妍,周米平. 3 种除草剂对黑土脲酶活性的影响[J]. 安徽农业科学,2010(11):5769 – 5770.

[60]王金花,朱鲁生,孙瑞莲,等. 阿特拉津对两种不同施肥条件土壤脲酶的影响[J]. 农业环境科学学报,2004(1):162 – 166.

[61]吴济南,王丽玲,王惟帅,等. 阿特拉津和乙草胺混用对夏玉米叶片生理指标的影响[J]. 河南农业科学,2011(8):142 – 144.

[62]徐雁,向成华,李贤伟. 土壤酶的研究概况[J]. 四川林业科技,2010(2):14-20.

[63]汪海静. 土壤微生物多样性的主要影响因素[J]. 北方环境,2011(1):90-91,118.

[64]孟庆杰,许艳丽,李春杰,等. 不同植被覆盖对黑土微生物功能多样性的影响[J]. 生态学杂志,2008(7):1134-1140.

[65]黄进勇,李春霞. 土壤微生物多样性的主要影响因子及其效应[J]. 河南科技大学学报(农学版),2004(4):10-13.

[66]刘慧. 土壤微生物多样性及其环境影响因子研究探讨[J]. 中国农业信息,2013(5):93.

[67]韩晓增,邹文秀,王凤仙,等. 黑土肥沃耕层构建效应[J]. 应用生态学报,2009(12):2996-3002.

[68]王梓,韩晓增,张志明,等. 中国东北黑土土壤剖面微生物群落碳源代谢特征[J]. 生态学报,2016,36(23):7740-7748.

[69]章家恩,蔡燕飞,高爱霞,等. 土壤微生物多样性实验研究方法概述[J]. 土壤,2004(4):346-350.

[70]LI C H,YAN K,TANG L S,et al. Change in deep soil microbial communities due to long-term fertilization[J]. Soil Biology & Biochemistry,2014,75:264-272.